OR ONE-WAY

ETTLERS

AND ROUND-TRIP

OURISTS

太空
旅行
指南

從宇宙現象、
天體環境、
主理準備到心理調適

尼爾·F·科明斯／著
高英哲／譯

WRITTEN BY

NEIL F.
COMINS

THE **TRAVELER'S**
GUIDE TO **SPACE**

目錄

前言

早在數千年前，埃及、希臘跟中國等地有錢有勢的人士，就已經開始從事有規劃的旅行。隨著15世紀「中產階級」成形以及印刷品的蓬勃發展，有能力計劃並旅遊的人數遽增；時至今日，每年都會旅行、度假的人口已超過10億。

美國企業家丹尼斯‧蒂托（Dennis Tito）在2001年，參加了人類史上第一趟自費太空旅行，到國際太空站度假八天。2016年6月也有七名付費旅客飛入太空，其中美國億萬富翁查爾斯‧西蒙尼（Charles Simonyi）還玩了兩趟才過癮。這些人的行程都是造訪國際太空站，因此沒有超出地球軌道之外。

諸如歐洲太空總署（ESA）之類的某些國家跟國際聯盟集團，過去數十年來致力於研發太空探險技術，如今私人企業也主動參與太空旅行的硬體開發。有些企業領袖眼光宏大，希望能夠在不遠的未來，參與移民月球跟火星的事業，藉此開拓太空旅行的商機。

人只要一進入太空，什麼事情都會變得非常不一樣。舉凡走路和飲食這些日常活動、身體的內在運作機制，以及我們做愛的方式，全都得跟著改變。從造訪月球、火星、火星的兩顆衛星、小行星（由岩石跟金屬構成的太空碎片）跟彗星（由岩石跟冰構成的太空碎片）的人造衛星拍攝到的照片，可以發現每個星體都有其獨特之處，許多特色與地球大異其趣，因此凡是要造訪這些星體的人，他們在當地所見所聞，以至於自己的舉動，都會跟他們在地球上的類似經驗大不相同。我會寫這本書，就是希望能夠為那些有興趣了解我們身處的宇宙的讀者，提供一些關於太空旅客會碰上哪些事件跟挑戰的資訊。

本書沒有用到任何數學（除了偶爾會把數字簡寫成「十的冪次」，還有F=ma這個方程式：F是力，m是質量，a是加速度），了解太空生活是怎麼一回事，以及所需的科學知識，我都會一一解說。書中提到關於太空生活的諸多挑戰，取材自我前一本著作《太空旅行的危險》（*The Hazards of Space Travel*）所做的研究。我要感謝經紀人Louise Ketz協助處理與本書有關的銷售事務、編輯Patrick Fitzgerald協助潤稿、Ryan Groendyk協助處理本書插圖等資料、Andrew West深思熟慮的編修，以及幫我出版教科書的出版社 W. H. Freeman & Co.允許我使用教科書裡的圖。我要特別感謝我的愛妻Sue，她耐心地陪伴我撰寫本書，並且以她擔任英文教授的身分，詳盡地審閱本書手稿。

PART I

準備進入太空

① 太陽系及相關太空科學

　　人類太空飛行始於1961年4月12日，蘇聯太空人尤里・加加林（Yuri Gagarin）從位於今日哈薩克的貝科奴太空發射場，搭乘K型東方號運載火箭（Vostok-K），往東升空到距離地面大約325公里。該枚火箭在太空中幾乎繞了地球一整圈，然後於非洲上方點燃反向火箭，讓搭載加加林的太空艙緩緩降落，回到地球。太空艙的艙門在離地7,000公尺的高度炸開（這是刻意設計的），加加林被彈射到半空中，再打開降落傘。他的落地處距離原先預定降落的地點280公里，於是他打了通電話，請人載他回去。

　　自此，人類的太空飛行便從未中斷。1960到70年代是美俄太空競賽的時代，最後把人類送上月球。環繞地球的太空站來來去去，其中包括前蘇聯的禮炮（Salyut）計畫系列太空站，橫跨前蘇聯以及俄國時代的和平號太空站（Mir），美國的天空實驗室太空站（Skylab），以及中國的天宮1號太空站。如今則有國際太空站（ISS）跟中國的天宮2號太空站，莊嚴孤獨地在太空中環繞地球。國際太空站提供各國、各大企業及組織上太空的機會，而且不限於太空人跟科學家，即使是非專業旅客，只要有能力並且願意付出大把銀了，同樣能夠享受太空之旅。截至目前為止，已有500到1,000人（由於有些軍事任務列為機密，

因此難以掌握精確人數）曾經到太空一遊。各種太空投資等商業
活動都在蓬勃發展，揚言不久的未來就能提供更多人類前往太
空旅行的機會。

　　過去非專業人士若想要上太空，往往得花上數千萬美元；
不過新一代經營太空飛行的企業似乎有辦法減少花費。他們目
前正在研發太空旅行的短程航班，預計只要幾十萬美元就能搞
定，這表示有數百萬人很快就能進入太空。

　　為了讓這趟太空旅程不虛此行，了解在太空中會碰上的基
本科學跟醫學議題非常重要。本書的目的之一，便是透過具有
一定程度的科學知識，詳細解釋人類在太空中的各種體驗，讓
讀者理解這些概念。科學家在使用某些日常生活用語時，往往
帶著十分技術性的意涵，這對於本身不是科學家的人來說有點
麻煩，因此我會在必要時加以說明。

　　先舉兩個例子讓讀者體會一下解讀科學詞彙的不同方式。
你可能已經知道微小的電子會繞著比它們大很多的原子核轉
動；聽到這裡，大多數人都會把電子想像成微小的行星、把原
子核想像成微小的恆星。20世紀初期甚至還有原子裡頭有微生
物的傳說（雷・康明斯〔Ray Cummings〕在1922年出版的《黃金原子
裡的姑娘》〔*Girl in the Golden Atom*〕便是一例）。然而，原子的各種
粒子，無論是質子、中子還是電子，實際上同時具粒子性跟波
動性。這表示你不能只把電子想像成一顆環繞恆星的行星，因
為電子在環繞原子核時，也會沿路產生波的性質，並非如點狀
物般沿線移動。雖然這會讓你更難以「想像」電子的模樣，不
過科學家可藉此鉅細靡遺地解釋電子的各種行為。

　　本章開頭第一句話也可以做為了解科學詞彙意涵究竟有多

重要的絕佳範例。當我寫下「人類太空飛行」云云時，並未定義何謂「太空」。大多數人出於直覺，會認為「太空」即大氣層以上的區域；問題是大氣層並不像游泳池水面一樣，有個極為明確的界線：只要你一接觸到明確的水面，就知道自己入水了。然而大氣層並沒有明確的頂部，當你從高處朝大氣層落下時，你周遭的空氣會越來越濃密，跟你跳進游泳池的情況不一樣，因此光用大氣層無法定義地球上方何處開始為「太空」。我們得從一個稍稍不同的角度才能了解這個詞彙的意涵。

地球的大氣層為何沒有明確的表面？可以用氣體的本質解釋。液體是一群彼此微弱鍵結的原子跟分子（由兩個或多個原子鍵結而成）；氣體則是一群無法鍵結在一起的原子跟分子，除非用某種外力聚集，否則它們會飄散分離。比方說氣球就可以聚集其中的氣體原子跟分子，一旦氣球被刺穿或鬆綁，裡頭的原子或分子就會逸散。

地球重力將大氣層的氣體跟地球聚在一起，就有點像氣球聚集氣體，可以讓大部分的氣體不至於飄散到太空中。位在最外層的氣體受到太陽能加熱，會不斷逃離地球重力的掌握，飄散到星際太空之中；這是因為任何東西溫度越高、粒子的移動速度就越快，而移動夠快的氣體就能逃離地球重力的吸引。因此不斷有部分的地球大氣飄散到月球以外，一去不復返。更複雜的是，隨著氣溫變化，整個大氣層有時候會膨脹而上升（升溫時），有時則會往下沉（降溫時）。因此大氣層的高度除了會隨著氣候變化，還會因太陽能多寡以及日夜循環而改變。

大多數的太空迷會把「太空」定義為卡門線上方的區域。這個定義演變自匈牙利裔美國科學家西奧多・馮卡門（Theodore

von Kármán）的推論；他提出一個問題：空氣要濃密到什麼程度，才能提供機翼足夠的浮力，讓飛機保持飛行？畢竟飛得越高、空氣就越稀薄，能夠提供的浮力也就越小。他發現在距離地球表面大約100公里的地方，空氣極為稀薄，此時若要維持飛行，飛機速度就得要提升到能把自己送進地球軌道的程度；換句話說，當飛機飛到這個高度時，速度就得要快到即使關掉引擎，也能夠繼續環繞地球。這個高度如今就稱為卡門線。

　　不用引擎就能環繞地球的物體，仰賴的是本身的速度，才能免於落到地球上的命運。比方說國際太空站（ISS）[1]一直受到地球重力的吸引，但是它相對於地球的水平運動速度快到即使它往地球墜落，也不會真的撞上地球。出於各種政治與技術原因，有些組織及國家會以不同的高度定義「太空起點」，不過本書探討的太空會從卡門線開始算起。

　　釐清太空從哪裡開始之後，我們就可以考量，未來太空旅客能夠造訪哪些地方。若能對宇宙有基本認識，將有助於探討這個問題。我們生活在太陽系內，太陽系的定義是包括太陽本身，以及所有環繞太陽的星體。國際天文聯合會（IAU）在2006年定義所有環繞太陽的星體，將它們分為四個等級：行星、衛星、矮行星，以及太陽系小天體。

　　IAU的天文學家定義太陽系裡的行星[2]必須具備兩大性質。首先，行星必須要具有足夠的質量，本身重力可讓它們大致呈球狀。地球上有山脈和河谷，並非完美的球狀，此外由於

1　美國NASA一共使用800多個縮寫，還編了給新手參考的詞彙清單。然而除了像NASA、CCD（相機使用的感光耦合元件）、PTSD（創傷後壓力症候群）等等少數幾個縮寫以外，我會盡量寫出全名。
2　已知宇宙裡還有環繞其他恆星的行星，稱為「系外行星」或太陽系外行星。

自轉的緣故，使得地球在赤道處的直徑，比南北極之間的直徑長約[3]42.8公里。這些形成不完美球狀的小小變異，並不會影響行星的定義。再者，行星必須要具有足夠的質量，使其重力強到足以吸引附近的太空碎屑或是將它們拋出去，換句話說就是要能夠清空軌道上的碎屑。但清空的對象並不包括它們的衛星，也就是受到這些行星的重力吸引，環繞它們運行的較小型星體。

　　目前太陽系內的行星如下：從太陽往外，分別是水星、金星、地球、火星、木星、土星、天王星跟海王星等八大行星。至少有173顆衛星環繞這些行星，其中只有水星跟金星沒有衛星。天文學家在2015年發現，有些遠在海王星軌道外的星體，其行進路徑受到某個尚未發現的星體重力影響；根據計算，該星體的大小如行星，因此一旦發現該星體，它就會被列為太陽系的第九大行星。

　　所有繞行太陽的行星基本上都跟地球落在同一平面上，繞行的方向也跟地球一樣。地球環繞太陽的軌道叫做黃道。

　　冥王星的質量遠比其他行星來得低，因此它在最新的分類規範中，喪失了原本的行星地位。星體的質量非常重要，因為這是用來衡量它含有多少物質的標準；相同概念對於元素來說，就是用來衡量它含有多少個粒子。

　　冥王星的質量跟體積都足以形成球狀，但它欠缺足夠的質量清空附近較小型的星體，因此被歸類為矮行星。太陽系一共有五個矮行星：冥王星、穀神星、妊神星、鳥神星[4]、以及鬩神星。除了穀神星之外，已知其他四顆矮行星都擁有衛星。太陽系還有許多其他星體正待天文學家評估，以判定它們是否符

3　雖然科學領域的許多數值，可以算到非常精確的程度，不過倘若說得太明確，經常會弄巧成拙、混淆視聽。因此我會使用「差不多」或「大約」，讓你掌握概略數字，便於跟其他數值比較。
4　在我撰寫這一章時，正好發現鳥神星的第一顆行星。

合矮行星的分類標準。

環繞太陽的星體還有太陽系小天體。這些星體基本上是一塊塊碎屑，主要由岩石跟冰，或是岩石跟金屬所構成；這些物質的聚集仰賴化學鍵，而不是像行星跟矮行星那樣，受重力吸引而聚合。

矮行星跟太陽系小天體中，包含先前被歸類為小行星、流星體跟彗星的星體。小行星跟流星體主要由岩石跟金屬構成，形成所有太陽系內的太空碎屑；其中比較大片的就叫做小行星，不過並沒有界定小行星跟流星體大小的官方標準，一般會把直徑小於一公尺的碎屑稱為流星體。有些小行星已知擁有衛星，這些小行星的衛星本身也是小行星，這使得事情稍微有些複雜：一對互相環繞的小行星裡，比較小的那一顆就會被稱作較大那顆的衛星。

小行星

小行星的外型各有千秋，球狀、花生狀、黃色小鴨狀……千奇百怪、所在多有。小行星在太陽系誕生初期的一團混亂中形成，大多數位於火星跟木星之間稱為「小行星帶」的區域，相對來說算是以圓形軌道繞著太陽運行，其他的小行星則以偏橢圓狀的軌道跟其他行星的軌道相切。如今幾乎每天都會發現新的小行星，登記在案的已有超過45萬顆，另外還有數十萬顆的目擊紀錄，正等待最終確認。儘管好萊塢總是把電影畫面拍得驚心動魄，不過實際上造訪某顆小行星，並不需要使出渾身解數、一路穿梭於眾多的小行星，才能抵達目的地。雖然環繞太陽的小行星確實很多，不過它們通常都相距160萬公里。

　　近地天體（NEO）環繞太陽的距離，幾乎跟地球一樣。目前已知有1.2萬個近地天體，其中有四群小行星，分別為阿莫爾型、阿波羅型、阿登型以及阿迪娜型（Atiras），我們在不久的未來都可造訪。阿莫爾型小行星的運行軌道位在火星與地球之間，它們與太陽的距離遠大於地球與太陽的距離，不過有時還是會越過地球軌道。美國NASA在2001年，將一顆人造衛星降落在阿莫爾型小行星愛神星上頭（圖1.1）。相反地，被稱為地內天體（IEO）的阿迪娜型小行星，在地球軌道內環繞太陽，從來不會跑到地球軌道之外。

　　阿波羅型跟阿登型的小行星軌道則會跟地球交會。這些小行星的軌道形狀近乎橢圓，有時比地球更接近太陽，有時又離

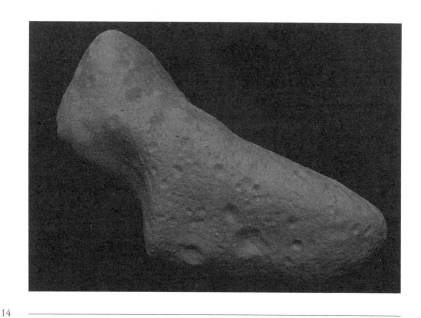

圖1.1a：在1898年發現的阿莫型小行星：愛神星，它與地球最近距離為2,670萬公里。這顆小行星最長的直徑大約有34公里。

NEAR Project/NLR/JHUAPL/Goddard SVS/NASA

得比地球更遠。它們有些會以極近的距離擦過地球，有些則會一頭撞上來。6500萬年前的白堊紀—第三紀滅絕事件，以及發生在大約2.5億年前，又稱為「大死亡」（The Great Dying）的二疊紀—三疊紀滅絕事件，可能都是小行星撞地球惹的禍。

　　阿波羅型跟阿登型小行星的差異在於，前者繞行太陽的時間超過一個地球年，後者則不到一年。因此阿波羅型小行星超過一年才會跟地球軌道交會一次（切入地球軌道再切出），而阿登型小行星一年當中跟地球軌道交會不只一次（圖1.2）。NASA登錄了1300多顆近地天體，可供人類在不久的未來造訪，這個數字仍在迅速增加中。

　　最後一項關於未來太空旅行的小行星分類，是那些運行軌

15

圖1.1b：會合—舒梅克號（NEAR Shoemaker）登陸車拍攝的愛神星表面特寫。
NEAR Project/NLR/JHUAPL/Goddard SVS/NASA

道跟地球一樣的小行星，它們是特洛伊小行星，以特洛伊戰爭的參戰者為之命名。火星、木星、天王星跟海王星都有特洛伊小行星，其他行星可能也有。

特洛伊小行星跟行星以同樣的軌道運行，這似乎違反了行星必須能夠清除軌道上其他碎屑的定義，但是這條規則並不適用於特洛伊小行星。因為每顆行星與太陽彼此引力的合力，會在行星軌道上的兩處達到穩定平衡，使得這些特洛伊小行星能

科學與科幻（一）

小行星在許多科幻故事裡扮演關鍵角色，其悠久的歷史可追溯到19世紀末期，朱爾·凡爾納（Jules Verne）的作品。《星際大戰》系列作品裡，也有好幾集提到小行星，比方說在電影《星際大戰五部曲：帝國大反擊》裡，韓·蘇洛（Han Solo）就把他駕駛的「千年鷹號」太空船，藏在密密麻麻小行星帶裡的其中一顆小行星內，跟我們一般對於太陽系小行星帶的印象吻合。問題是倘若小行星帶跟這些電影演的一樣密集的話，它們彼此之間的重力會導致它們在誕生後幾年內互相碰撞，很有可能會形成單一大型星體。現實中之所以不會發生這種事是因為，小行星帶裡的小行星以及其他近地天體，彼此都至少相距160公里，相當於地球到月球距離的四倍；有些人計算出來的距離甚至更遠。在相隔這麼遙遠的情況下，這些小行星相對來說低的質量，加上相對高的運行速度，並不會讓它們彼此互相拉扯。

穩穩地位在原地。這兩處稱為拉格朗日點 L_4 跟 L_5，分別位在行星軌道前方跟後方60度的位置（你可能會想問，那麼 L_1、L_2 跟 L_3 這些拉格朗日點呢？答案是任何位在這些點上的宇宙碎屑，都會受行星跟太陽吸引，不分青紅皂白地被拉走）。由於位在拉格朗日點 L_4 跟 L_5 的小行星，從來不會運行到接近地球之處，因此地球的重力既無法吸引它們撞上地球，也無法把它們甩出去。目前已知地球有一顆特洛伊小行星，天文學家還在尋找是否有其他存在。

　　小行星有很多種構成方式，值得我們來了解一下。比較小的小行星基本上是太空中的巨石，比較大顆的小行星，則是由小型星體經過無數碰撞而形成。這些撞擊會加熱逐漸增長的小行星，使其熔化之後，鐵跟鎳等等高密度金屬便沉入小行星的核心，迫使其中較輕的岩石從核心浮上表面，形成小行星的外層。這個內部深處是金屬、外層是岩石結構的狀態便會在小行

阿莫爾型
接近地球的近地小行星，運行軌道在地球外側跟火星內側。（取名自第1221號小行星）

$a > 1.0$ AU
1.017 AU $< q < 1.3$ AU

阿波羅型
與地球軌道交會的近地小行星，其半長軸比地球軌道大。（取名自第1862號小行星）

$a > 1.0$ AU
$q < 1.017$ AU

阿登型
與地球軌道交會的近地小行星，其半長軸比地球軌道小。（取名自第2062號小行星）

$a < 1.0$ AU
$Q > 0.983$ AU

阿迪娜型
運行軌道完全在地球軌道內側的近地小行星。（取名自第16393號小行星）

$a < 1.0$ AU
$Q < 0.983$ AU

（q= 近日點距離，Q= 遠日點距離，a= 半長軸，AU= 天文單位）

圖1.2：不同類型的近地小行星。近日點表示星體軌道距離太陽最近的點，遠日點表示星體軌道距離太陽最遠的點，半長軸則是從遠日點到近日點的一半距離。
NASA

星冷卻固化之後保存下來。地球也有類似的結構：內核由金屬構成，包覆在外的大多是岩石。

　　故事到這裡還沒結束，有些大型小行星在固化之後才蒙受強力撞擊，端視撞擊物的大小跟相對速度而定，有些小行星會被毀滅殆盡，殘存的金屬跟岩石碎屑就會形成較小的小行星跟流星體，飄浮在運行軌道之中；有些小行星受到撞擊後，只會噴出一部分的碎屑，大致還算保持完整。這兩種撞擊過程都會產生許多較小型的小行星跟流星體。這對於太空旅客來說很重要，是因為有些較大型小行星的殘骸價值不斐，比方說其金屬內核不但可供收集，還能運回地球，作為商業用途。

　　所有的矮行星、太陽系小天體以及衛星，其表面都會隨時間演變。這些星體從固化的那一刻開始，岩石表面就不斷受到無數流星體撞擊、粉碎，也會受到從太陽噴出的高速粒子——太陽風衝擊，以及源自太陽系外的宇宙射線侵襲。因此這些星體的表面大多呈現粉狀，稱為風化層（圖1.3），其上點綴著撞擊坑（圖1.1a）、岩石以及圓石。

彗星

　　彗星是另外一種繞行太陽的太空碎屑。有些彗星也是未來太空旅行的合適地點。彗星主要由岩石跟冰構成；「冰」在天文學裡的定義包含冰凍狀態的水、二氧化碳、一氧化碳、甲烷跟氨。

　　彗星的演變過程不但很有意思，跟太空旅行也有些關聯。太陽系在無數塵埃跟氣體粒子碰撞之下首度形成時，彗星就跟著形成了，不過彗星形成的位置距離年輕的太陽很遠，因此溫度也很低，使塵埃跟氣體粒子得以鍵結，形成越來越大塊的冰跟岩石。這些由冰跟岩石構成、至今仍環繞太陽的固體部分，稱為彗核。

　　大多數的彗核跟我們先前討論過的其他星體不同，其運行軌道並沒有很接近黃道面，而是在行星軌道之外很遙遠的兩個區域。荷蘭裔美國天文學家傑拉德・古柏（Gerard Kuiper，1905－1973）率先提出：在海王星軌道之外，有個含有許多彗星跟其他太空碎片的貝果形太空區域，貝果的中間正好落在黃道面上，這個區域被命名為古柏帶。冥王星、妊神星跟鳥神星

圖1.3：「阿波羅11號」任務的太空人留在月球風化層上的腳印。
NASA

都位於古柏帶內環繞太陽。天文學家認為，古柏帶裡的許多物質是各大行星形成時殘留下來的碎片。

另外一塊匯集彗星的主要區域叫做歐特雲，取自率先提出這些彗星存在的荷蘭天文學家揚‧歐特（Jan Oort，1900—1992）。歐特雲位於古柏帶之外，呈球狀分布（圖1.4）。天文學家認為，歐特雲是被各大行星（尤其是木星）的重力拋出內太陽系的。

太陽系存在的這46億年間，大多數彗核的運行軌道都在海王星外。不過這些太空中的骯髒冰山，偶爾會有幾座被輕輕一推一拉，漸漸被送進了內太陽系軌道，與太陽跟各行星一同坐落。當彗星與太陽的距離，比海王星軌道還要近的時候，太陽

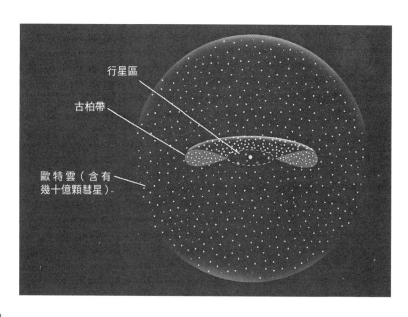

行星區

古柏帶

歐特雲（含有
幾十億顆彗星）

圖1.4：古柏帶跟歐特雲相對於太陽系各大行星的分布位置。

W. H. Freeman & Co.

產生的熱跟粒子會導致彗星上一部分的冰蒸發,而在彗星四周形成非常薄的大氣。這些叫做彗髮的球狀大氣比地球大氣稀薄許多。由於彗星的質量實在很低,這層稀薄的氣體會就此飄散到太空中,一去不復返。

只有在彗核進入行星區時才會出現彗尾。冰裡頭一片片的塵埃跟小氣泡,隨著釋放出來的氣體,一起飄散到太空中。當這些彗星距離太陽夠近時,太陽發出的光跟粒子會使彗髮的某些氣體跟碎屑分開,形成兩道彗尾:一道是塵埃粒子,另一道是氣體離子(圖1.5)。重量輕的離子尾會指向太陽的反方向;然而太陽發出的光跟粒子,卻沒有辦法有效地推開塵埃粒子,因此塵埃尾所指的方向,會介於離子尾跟彗星的來向之間。

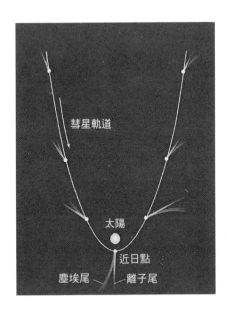

不同彗星的命運大不同。有些彗星從遙遠的發源地而來,直直飛向太陽,就這麼蒸發掉。還有更多彗星會跟太陽擦身而過,這些倖存下來的彗星可以分成兩類:長週期彗星跟短週期彗星。長週期彗星與太陽擦身而過之後,就會飛掠其他行星而去,起碼200年不會再回來;有些來自歐特雲的彗星,其週期甚至長達三萬多年!短週期彗星在掠過

圖1.5:彗星在最接近太陽時的彗尾。指向太陽反方向的彗尾由氣體離子構成,呈曲線的彗尾則是由塵埃構成。

W. H. Freeman & Co.

行星時，行星的引力會使其軌道產生變化，導致彗星跟行星一起留在內太陽系，這些彗星每隔不到200年，就會跟太陽擦身而過一次。以最遠會跑到海王星軌道外就折返的哈雷彗星為例，其週期為76年。

　　既然彗髮跟彗尾都是離彗星而去的物質，而且一去不復返，因此彗星每次接近太陽，都會越變越小顆。有些彗星具有岩質跟塵埃殘屑層，不至於消散，然而大多數彗星最終都不免分崩離析，在它們過去的軌道上只留下岩石殘屑。太空旅行時，一定要避開這些可能會跟太空船擦撞的殘屑。

　　儘管彗星會噴出殘屑，不過若想到彗星一遊，當然有技可施。歐洲太空總署在2014年11月12日讓菲萊登陸器成功登陸

圖1.6：羅塞塔號太空船拍攝的67P／丘留莫夫—格拉西緬科彗星照片。該彗星直徑最長處為四公里。

ESA/Rosetta/MPS for OSIRIS TeamMPS/UPD/LAM/IAA/SSO/INTA/UPM/DASP/IDA

67P ／丘留莫夫—格拉西緬科彗星（圖1.6）。這具登陸器在彗星表面彈跳，最後似乎落到一處峽谷，因而無法在冰冷的太空中獲得足夠的太陽光充電；不過當這顆彗星在2015年6月接近太陽時，菲萊登陸器又活了過來，把彗星相關資訊傳回地球。

　　無論是用底片還是感光耦合元件（CCD），彗星在照片上看起來經常像是一塊汙漬。彗星通常以發現者命名，上段提到的彗星就是以發現它的兩位天文學家命名：一位是在1969年於哈薩克東南部天文台拍下照片的斯維特拉娜‧伊萬諾夫娜‧格拉西緬科（Svetlana Ivanovna Gerasimenko），另一位是在底片上發現這顆彗星的克利姆‧伊萬諾維奇‧丘留莫夫（Klim Ivanovych Churyumov）。67P 則指這是人類發現的第67顆短週期彗星。

　　除了某些適合探索的小行星跟彗星以外，眼下還有三顆衛星可做為太空旅行的目的地：月球跟火星的兩顆衛星。我們稍後會仔細探討這三顆衛星。

　　到這裡我們已經把太陽系裡的成員大致探討了一遍，不難發現為什麼未來很長一段時間內，人類太空旅行仍然受限於浩瀚宇宙裡如此一小塊區域。已知距離太陽系最近的恆星是比鄰星，距離我們 4.0×10^{13} 公里[5]；以一般太空船時速大約6.4萬公里計算，從地球出發大約得花七萬年以上才能抵達比鄰星。就連把人類送到火星以外的行星，或是送到金星跟水星，目前也還辦不到。前往木星或是小行星帶一趟需要花上好幾年，相關的後勤工作十分龐雜。人類要前往金星大概也是緣木求魚，因為金星大氣富含硫酸，而且十分濃密，導致金星表面的大氣壓極高，相當於身處在地球海洋深915公尺的壓力，會把人壓得粉身碎骨！至於前往最靠近太陽的水星，同樣要花上好幾年

23

5　本書中許多數值會以十的冪次呈現，詳見附錄。

的工夫，還得用上許多新科技，才能讓接近太陽的太空船既不會過熱，也不至於受到輻射損害，因此我們短期內還不會去水星。

總結來說，不久後的太空旅行有以下幾個可能選項：

- 次軌道太空飛行：到太空繞個半圈就把你載回地球，不會進入地球軌道。
- 軌道航班：載你前往國際太空站，或是其他規劃中的商用太空站。
- 月球。
- 飛掠小行星或彗星。
- 地球的特洛伊小行星。
- 火星的兩顆衛星。
- 火星。

我們將在第二章進一步探討。

不同太空旅程花費的時間大不相同，取決於好幾個因素，像是出發或回程時地球跟目的地的相對距離及速度、太空船的速度，以及你在目的地待了多久。既然不久的未來，內太陽系太空旅行的選項不多，那麼就來看看前往這些左鄰右舍的路途有多遠吧！地球表面任意兩點之間，最遠距離大約是 2.0×10^4 公里；地球到月球的平均距離還不到 3.9×10^5 公里。這裡用「平均」是因為地球到月球的距離，在一次月相裡會有所變化，變化幅度大約是 4.2×10^4 公里。地球到太陽的平均距離為 150×10^6 公里，由於地球軌道呈橢圓形，因此一年當中地球到太陽距離也會有所變化，幅度大約是 4.8×10^6 公里。

現在我們來考量一下火星的情形（以下討論結果跟我們近期內可造訪的大多數星體，在概念上是相通的）。由於地球跟火星兩者到太陽的距離差距很大，因此這兩顆行星環繞太陽所需的時間也有很大的差異。這兩顆行星有時候位在太陽的同一側，有時候卻隔著太陽遙遙相對。地球跟火星最近的距離約為 55×10^6 公里，最遠距離卻多達 400×10^6 公里，因此從地球前往火星所需時間，取決於你啟程時兩顆行星的相對位置，以及太空船的速度而定（這會決定你要走哪條路徑）。一般往返火星需要五到十個月不等。

想知道你在太空中會有什麼體驗，還得了解另外兩個科學領域。首先是構成物質的粒子，因為你不但會接觸到平常存在於太空船內的粒子，也會接觸到侵襲你的外來粒子；這些粒子的混合物質跟你在地球上會碰到的不太一樣。除此之外，對於光以及相關的電磁輻射有所了解也很重要，因為你在太空中會暴露在各種輻射之下；這些輻射平常在地球表面並不存在，而且可能對健康有害，因此得知道如何保護自己。

我們必須了解原子的本質。原子是形成諸如碳跟氫等等元素的單位，基本上由質子、中子跟電子這三種粒子組成。質子跟中子彼此束縛形成原子核；質量比它們輕很多的電子則環繞原子核運行。請注意，電子並不是固體質點，比較像是以波形分散在原子核周圍的物質。

原子裡的質子數量決定該原子是什麼元素。宇宙中帶有一個質子的原子是氫原子，也是最常見的元素；帶有六個質子的原子是碳原子。原子擁有的中子數則決定該原子是什麼同位素。氫有三種同位素，最常見的同位素沒有中子，有一個中子的叫做氘（deuterium），有兩個中子的叫做氚（tritium），但這三種同位素都是氫元素。

質子跟電子有個叫做電荷的性質，它們帶有的電荷「相反」，因此會彼此吸引；一對電荷相同的質子則會互相排斥。我們隨意地指定質子帶有正電荷，電子帶有負電荷，中子則名符其實為中性。中子在宇宙裡扮演的角色，是協助質子在原子核內聚集；倘若沒有中子，質子之間的互斥力會使它們無法在一起，導致無法形成除了氫以外的任何元素。有趣的是，倘若沒有質子，中子也無法存在：你若從原子核裡將中子單獨分離出來，大約15分鐘之後，這顆中子就會自己分裂成一個質子跟一個電子。

這些粒子透過自然界裡已知的四種基本力，彼此產生交互作用：電磁力、強作用力、弱作用力及重力。弱作用力跟強作用力僅作用於原子核內；強作用力讓質子跟中子聚集形成原子核，弱作用力會使某些原子核變得比較不穩定，導致它們自行裂解，這個過程稱為放射性。弱作用力跟強作用力在本書中沒什麼上場機會，因此我們言盡於此。不過電磁力跟重力將會大顯身手……

電磁輻射

可見光是一種電磁輻射，由光子構成。然而光子並非撞球那樣的固體，而是由侷限在一定空間裡的波動所構成（圖1.7），因此科學家通常會把光子叫做波包。光子有三個重要性質：

1. 所有光子的行進速度都一樣，以光速前進（光速標示為 c，大約等於秒速 3.00×10^5 公里）。

2. 每個光子都有個定義明確的波長（兩個波峰之間的距離，如圖 1.7）。

3. 波長不同的光子，攜帶的能量也不同。波長越短，能量越大。

　　光之所以會有不同顏色，是因為我們的大腦對於不同波長的可見光光子，會產生不一樣的詮釋。天文學中提到光的顏色，從波長最長至最短，依序為紅、橙、黃、綠、藍、紫（我們不使用靛色，雖然牛頓把靛色也算在內，他認為這七種顏色構成白光，也或許是因為七這個數字具有某種魔力）。這就產生一個問題：倘若紅光是波長最長的可見光，紫光是波長最短的可見光，那麼會不會有波長比紅光還長，或是比紫光還短的光子，是我們沒辦法看見的呢？答案是有。英國天文學家威廉‧赫歇爾（William Herschel，1738—1822）在 1800 年首度發現有波長比紅

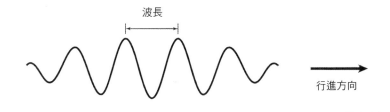

圖 1.7：光子示意圖，其波長（波峰到波峰之間的距離，如雙箭頭所示）都相等。
Neil F. Comins

光還要長的光子，如今稱之為紅外線輻射。我們的身體經過演化，視紅外線輻射為一種熱。

宇宙裡還有波長比紅外線更長的光子，如今叫做無線電波，最初是由蘇格蘭物理學家詹姆斯・克拉克・馬克士威（James Clerk Maxwell，1831—1879）預測，隨後由德國物理學家海因里希・赫茲（Heinrich Hertz，1857—1894）率先在實驗室裡製造出來。按照定義，無線電波是波長最長的電磁波，其波長比最長的紅外線還要長（波長介於紅外線跟無線電波交界處的光子，有時會被稱為微波）。

宇宙裡也有波長比紫光更短的光子。這種短波光子的第一段叫做紫外線輻射，在赫歇爾發現紅外線光子的隔年，由德國科學家約翰・威爾罕・芮特（Johann Wilhelm Ritter，1776—1810年）率先發現。我們的身體也「內建感應器」，可接收最長波長的紫外線光子UV-A，這些光子可使我們的身體製造維生素D，以及使皮膚顏色變深的黑色素，保護我們的細胞免受UV-A以及波長更短的UV-B跟UV-C損害。紫外線輻射會導致白內障、雪盲症、皮膚癌以及各種皮膚病，並損害DNA。

波長比紫外線更短的X光，因為浮現在早期的底片上，而在1880年代被發現。德國物理學家威爾罕・康拉德・倫琴（Wilheim Conrad Röntgen，1845—1923）在1895年率先研究X光。最後要介紹的是法國科學家保羅・維拉德（Paul Villard，1860—1934），他在1900年發現所有光子裡波長最短、能量最大的伽瑪射線（圖1.8）。

UV-C、X光以及伽瑪射線對我們的身體沒有什麼好處；UV-C跟X光只要劑量夠高，就會對生物造成損傷，而伽瑪射線不需要太高的劑量就能造成同樣程度的損傷，如果劑量夠高的話，一下就能致死。

重力

重力是自然界裡另一個會直接影響太空旅行的基本力。這是唯一一種舉世皆然的引力：所有物質都會被其他物質吸引。

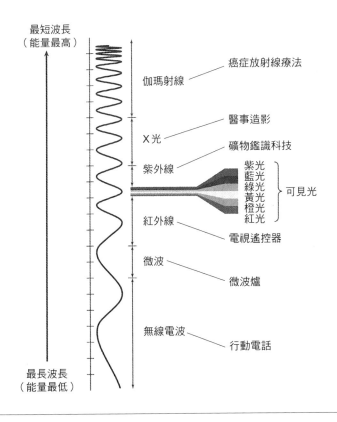

圖1.8：各種電磁輻射及其應用一覽。

W. H. Freeman & Co.

重力的大小取決於以下三點：兩個互相吸引物體的質量、形狀，以及彼此的距離。

地球能夠抓住物體，便是因為重力。如同先前提及，由於移動太過迅速而無法在地球表面形成固態或液態的大氣，之所以不會全部飄入太空，就是因為地球的重力。一陣風把葉子吹到空中時，也是因為地球重力，這些葉子才不會飄向太空；一旦風力減弱，重力就會使葉子落回地表。國際太空站這類的物體，同樣受到地球重力的吸引，但它們不會墜落地面，是因為這些物體的水平速度夠快，快到能沿著地面（地球為曲面）向前飛，繞過整個地球。像這種移動迅速的物體，我們會說它們是在軌道上運行。

現在我們來探討一下火箭從地球發射升空的行進路徑。這枚火箭會以某種角度升空，而不是直直往上飛；因為它的行進路徑一定要有一部分跟地球表面平行，這樣才不會在燃料用盡之後，直接掉回地球。倘若火箭飛得夠快，就能進入軌道；要是無法切進軌道，當燃料燒完之後，它會繼續往上滑翔一段時間，直到地球重力使它不再垂直爬升，它就會開始往地球墜落。倘若我們忽略空氣摩擦力的影響，火箭在這段沒有動力的彈道飛行時間，就像一顆被踢飛的足球一樣，全程遵循拋物線路徑前進。噴射機在大氣層裡也能創造出同樣的路徑，如圖1.9；圖中左側的飛機開始爬升，但是其引擎會在標示為「微重力」的區域減速，飛機的路徑在此呈現拋物線。我們很快就會明瞭，為什麼這一區要叫做「微重力」。

實際上空氣摩擦力不容小覷，它會對彈道軌跡產生一定的影響。既然說到了空氣摩擦力，有件事情值得一提：火箭並不需要空氣就能運作。換句話說,火箭噴出用來推動自己的廢氣,並不是推開空氣才能往前移動。實際上火箭在真空中運作還更有效率,因為它們在真空中與在大氣層爬升時不同,不需推開空氣便能前進。太空裡的空氣密度極低,因此我們不用理會空氣摩擦力。

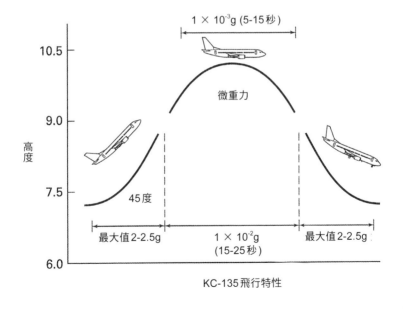

KC-135飛行特性

圖1.9:拋物線飛行。沒有引擎推動的火箭或飛機,在「微重力」區域會遵循拋物線路徑行進。圖中提到的微重力跟相關數值,類似駕駛飛機會接觸到的訓練。

NASA

科學與科幻（二）

聲音是空氣縮張所造成。空氣壓縮時，會把氣體原子跟分子壓成一團；舒張時則正好相反，此時空氣比平常更為稀薄。換句話說，聲音是氣壓變化產生的結果，因此聲音行進一定要有空氣存在。一般來說，太空中的空氣比我們呼吸的空氣稀薄1025倍；因此在太空中，每立方公尺可能只有幾個原子或分子而已。電影《異形》裡的諾斯托羅莫號太空船，在太空中發動火箭行進或是爆炸時，根本沒有空氣能夠傳遞聲音。太空是個非常、非常安靜的地方，你在科幻電影裡聽到的那些太空聲響，實際上根本不會發生。

太空旅程概述

　　就目前或不久的未來而言，共有七種可行的太空旅程，其中最短的旅程雖然會帶你到太空，但是並不會進入環繞地球的軌道，基本上進入太空就下來了。第二個選項是進入軌道，不過僅止於此。第三是前往月球。第四是前往近地軌道天體後再返回地球。第五個是前往地球的特洛伊小行星。第六個是前往火星的兩顆衛星。最後一個選項則是前往火星，單程或來回都有可能，不過如果是來回旅程，後勤工作跟財務負擔方面會格外具有挑戰性。本章我們會探討如何往返這些太空目的地。

次軌道太空飛行

　　飛往太空但是沒有進入軌道的飛行，叫做次軌道太空飛行，這是最便宜、最短程的太空旅行。

　　我們可以把次軌道太空飛行視為分成三個階段的雲霄飛車：一開始你會感覺到體重變得極重，接著是一小段失重期，最後當你返回地球時，會再度感覺到體重變得極重。起飛時火箭載著你往上飛向太空，越飛越快；你也會覺得有股力量將你壓在座位上，越來越大力，使你覺得自己越來越重。換句話說，火箭的向上加速度對於你身體造成的效果，跟地球把你往下拉扯的效果完全一樣。雖然這聽起來有點不符直覺，不過即使我們沒有在動，地球的重力仍然會使我們向下加速。無論我們或站或坐、躺著抑或浮起，都是在對自己施加一道跟地球重力相等的向上力量，如此一來我們才不會往下墜落。

當你搭乘火箭往上飛的時候，地球（跟平常一樣）會把你往下拉向座位，同時火箭的加速度也會把你往下推。在這兩股力量的作用下，把你往下推向座位的力量比平常更大，因此你會覺得身體比平常更重。這段時間往上攀升的加速度越快，身體就越重；你會發覺就連想要舉起手臂都很困難，因為此時把手臂推往扶手的力道，是平時在地球上感覺到的三至四倍。

地球表面的重力加速度為每平方秒9.8公尺[1]，而我們在日常生活中感受到的一個地球重力加速度俗稱1G。人體一般能夠長時間承受大約三到四個G力，這也是你搭乘火箭飛向太空時，身體會感受到的加速度。

順道一提，你的體重可以衡量你靜止在地球或其他星球表面時，被它們拉向地面的力量；或是當你乘坐火箭時，被火箭推往下方的力量。力與加速度彼此直接相關：任何物體的加速度若是加倍，表示其所受的力也加倍。我們用 $F = ma$ 來表達：F是某物體感受到的力，m是該物體的質量，a則是該力量所造成的加速度。質量只是衡量某個東西所含粒子數的一種標準，因此你在地球上站上磅秤，就能看到地球對你施加了一道向下的力，力量大小就等於你的體重。

當沒有東西阻止你墜落時，你就處於無重狀態，這種情況稱為自由落體。當你從跳水板跳出去時，即使一開始身體向上移動，然而你已經處在自由落體狀態；你從離開跳水板到入水，身體所經過的路徑呈拋物線（就如同第一章所述）。同樣

1　某個物體落下時，它的速度每秒鐘會增加秒速9.8公尺。舉例來說，一個以秒速9.8公尺落下的物體，再過一秒後，落下的速度就會變成秒速19.6公尺。

地，當火箭在次軌道旅程中熄火時，你搭乘的太空船就不再對你產生推力，因此你便會處於無重狀態。

　　想要進行次軌道太空飛行，基本上有三種載具可供選擇。第一種是搭載火箭的飛機，垂直升空進入太空；等到燃料耗盡，飛機就會沿著拋物線，一路回到地球。

　　第二種是把太空船掛載在傳統火箭頂端，昔日的水星計畫、雙子星計畫跟阿波羅計畫的太空船、現今的俄國聯盟號太空船，以及即將升空的美國獵戶座太空船，都是採用這種搭載方式進入軌道。如果是以這種模式進行次軌道飛行，太空船會被火箭載到高空，燃料耗盡之後就會跟太空船分離，太空船接著以拋物線繼續向上飛行。倘若太空船有機翼，便可滑行著陸，不然就得像聯盟號太空艙，用降落傘著陸。

　　第三個選項是將以火箭推進的太空飛機，綁在另一艘更大的母船上，母船用一般方式起飛，盡可能把小太空飛機載得越高越好，然後再將其投放。太空飛機被投放後就會點燃內部火箭，繼續往上飛行，直到火箭熄火後，太空飛機就以拋物線軌道飛行，最後滑行返航。

　　從1940年代以來，第三種選項已明顯成為次軌道太空飛行最有效率的方式：由母船負責辛苦的起飛工作，小太空飛機不用耗費燃料。此外，所有載具的組成元件都可回收再使用。早期這類小太空飛機裡頭最出名的是X-15試驗機，會由B-52母船搭載到海拔將近15公里處投放，X-15再以極快的速度飛到海拔108公里，遠高於卡門線。諸如X-15這類由母船投放的小太空飛機，不用掛載外部燃料槽之類的投棄式部件，重複使用時也無須大費周章地整修。因此倘若這三種升空科技都可行，第三個選項大概是次軌道太空旅程中，最具商業價值的方式。

　　從拋物線運動開始（圖1.9），到太空船降落時受到大氣影響，這段期間你都處於無重狀態。無重狀態又稱微重力狀態，這是次軌道飛行裡最有趣的過程，你會失重大約四到六分鐘。只要機艙的空間足夠，這段期間你便能飄浮在半空中。

　　次軌道觀光太空船很可能帶有機翼，並且在返回地球時，像一般飛機一樣降落。在降落的過程中，當機翼開始受到大氣阻力影響，而向上舉起太空船時（因此減緩了下降速度），你就會輕輕地落到機艙地板上，並逐漸感受到體重在增加；旅程中呈現拋物線的微重力階段就此結束，你也必須要回到座位上坐好。隨著機翼讓太空船飛得越來越慢，機體對你的推力也變得越來越大；太空船這股向上的力量，加上地球往下的拉力，會使你再度感受到跟往上進入太空時一樣的力量（三到四個G力）。隨著太空船回到一般飛行模式，緩緩下降直到降落為止，這股額外的向上力量也會逐漸減少。

　　次軌道飛行來回一趟，預估耗時0.5至2小時。

地球軌道旅程

　　先進入地球軌道，然後再前往太空軌道度假村的旅程，不但可讓旅客享受地球的美妙景觀，還能有機會和其他生命體來場充滿異地風情的豔遇。

　　上升進入地球軌道的過程，類似目前聯盟號太空船前往國際太空站所採行的飛行路徑。點燃火箭進入軌道的第一階段只會維持大約8.5分鐘，乘客會被送到離地大約高240公里。然而太空站的位置通常會更高，因為地球的大氣層受熱後足以上升至240公里，所造成的空氣摩擦力有時候會大到使環繞地球的物體喪失能量，而朝地球墜落，最後在大氣層裡燒毀。如果我們不需要三不五時推它一把，就能讓太空站穩穩地在軌道上運轉，相關花費就會更為低廉。國際太空站在距離地球表面400公里的高度運行，屬於「低地軌道」的範圍；低地軌道始於卡門線，一路向上延伸到距離地球表面大約1,900公里處。

　　要抵達環繞地球的目的地，需要歷經兩個階段。第一階段太空船會先抵達比目的地軌道低很多的軌道，然後點燃小型火箭，使太空船盤旋上升，更加遠離地球。你前往的目的地若是跟國際太空站位於同樣高度的話，太空船從此處再往上攀升，理想中抵達所需時間大約需要五小時。這段過程中倘若出現任何技術問題，比方說初始軌道與計畫稍有出入，或是有設備需要維修，那麼就有可能得要兩天才能抵達。

　　目的地太空站所處的繞地路徑會決定你在軌道上能看見什麼風景。物體在離地400公里處，每90分鐘就會環繞地球一周，因此倘若直接在赤道上方環繞地球，那麼每90分鐘你就會回到起點。赤道附近的緯度固然有許多可觀之處，不過不一定能看見高緯度地區，比方說在高度400公里的環赤道軌道上就看不到英國倫敦。

　　為了值回票價，你當然會想要從太空中，盡可能看到地球多采多姿的一面。因此你不會選擇前往環繞在地球赤道上方的太空站，而是會選擇像國際太空站一樣，以大約50度切過赤道（圖2.1），這麼一來你就能從北緯50度（包括英國倫敦在內）飛越至南緯50度（包括澳洲墨爾本在內），欣賞地球。

　　身處相對較低的高度，除了容易抵達，環繞地球一周也很快，另一個好處是比較不會受到高能太陽風粒子的侵襲，因為它們被地球磁場阻隔在這個高度之外（有點像你玩過的馬蹄鐵，或是冰箱上用來貼便條的小磁鐵，它們之間產生吸引力跟排斥力的情況）。許多高能（高速）質子跟電子主要被困在范艾倫輻射帶的兩個區域；這些富含高能粒子的區域以詹姆斯・范・艾倫（James Van Allen，1914-2006）命名，他在早期的火箭上安裝蓋革計數器，因而在1958年發現這些輻射帶（圖2.2）。

困在范艾倫輻射帶裡的粒子，移動速度快到足以穿透太空衣、屏蔽物、太空船跟衛星外層；若想要把旅程延伸到這些區域，這些粒子會對生命安全以及船上設備造成極為嚴重的損害。一般從距離地球表面大約965公里處開始往外延伸，便是內層輻射帶，然而其中有個南大西洋異常區，會下降到距離地表大約190公里（圖2.2）。國際太空站每天大約穿越此區五次，在內層輻射帶待上23分鐘。太空人報告時提及，曾在這個

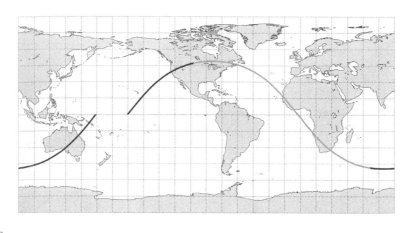

圖2.1：曲線從左至右，呈現了國際太空站環繞地球一圈的軌道。這條路徑始於美國西南方的赤道地區，結束在澳洲東北方的同樣緯度。請注意，每次國際太空站切過赤道的地方都不一樣，因此每次的軌道也都有所不同。無論如何，身在國際太空站上的你，終究能夠一窺整個地球表面。曲線淡色部分表示該區為白天。

區域看見「流星」，其實那是穿越他們眼睛跟大腦的高能粒子。

　　在你體驗過太空站上的生活，可能也享受過太空漫步之後，你有兩種方式可以回到地球：像聯盟號一樣，乘坐使用降落傘著陸的太空艙，或是搭乘有機翼的太空梭，像一般飛機那樣著陸。

　　整趟地球軌道旅程短至一星期，長則耗時數月。

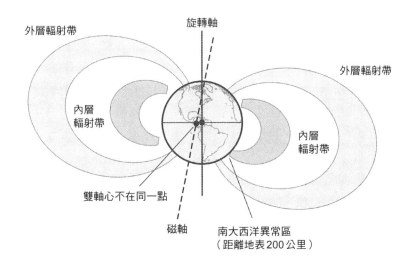

圖2.2：地球及兩大范艾倫帶的剖面圖。范艾倫帶含有大量從太陽往地球發射、川流不息的高能帶電粒子磁場。

W. H. Freeman & Co.

月球旅程

　　月球很適合作為人類初期太空飛行的目標。首先，光是20世紀中葉的科學與工程水準，就足以把太空人送上月球；再者，月球質量與地球相較之下較低，因此用同樣的火箭設計也能夠把太空人載離月球，回到月球軌道上，再把他們接回地球（前蘇聯把無人太空船送上月球，其中三艘把月球表層樣本帶回地球，便是使用相同原理）。倘若月球的質量跟火星一樣，那麼其表面的引力會太大，早期的太空科技就無法把太空人帶回地球。本章討論火星旅行時，會進一步探討這個問題。

　　往返月球的準備工作曾經相當繁複。NASA每次把阿波羅任務的太空人送往月球時，總是刻意浪費大批隨之同行的硬體設備。首先他們點燃升空火箭，進入地球軌道之後，火箭下截就會被投棄，並在通過大氣層時被燒毀。接著他們在軌道上點燃推進火箭，將乘坐在原有四截太空船裡的太空人，迅速推送穿越范艾倫帶，進入「逾月軌道」；把太空人送離地球軌道的推進火箭照樣會被投棄。最後剩下來的是指揮艙、服務艙，以及登陸暨升空系統（這套系統可搭載兩名太空人登陸月球表面，然後再把他們載回月球軌道）。當太空船接近月球時，服務艙的推進器會點燃，降低移動速度，使其進入月球軌道。登陸暨升空系統最後會脫離指揮艙以及服務艙，用登陸車上的火箭減速，降落至月球表面。

　　在兩名太空人探索過月球表面的一小區之後，就會進入升空艙內點火起飛，回到月球軌道上的指揮暨服務艙，登陸車的絕大部分則遺留在月球表面。繞行軌道的載具會重新跟升空艙結合，兩名太空人帶著貨物回到指揮艙，然後投棄升空艙，再度點燃服務艙的火箭，連人帶貨脫離軌道，返回地球。在重返地球的過程中，服務艙也會被投棄（同樣逃不過在地球大氣層燒毀的命運），太空人最後是搭乘指揮艙，用降落傘降落於海洋，然後直升機再把他們載回家。

顯然這套阿波羅任務的流程，硬體運用的效率很差，因為最終回到地球上的指揮艙僅占最初太空船系統總質量的幾個百分比。雖然這對於順利完成七次阿波羅任務來說不成問題，不過未來的太空旅行不可能採用如此欠缺經濟效益的方式。這就是為什麼到了你能夠往返月球的時候，很可能從頭到尾都會採用可重複使用的太空船。

前往月球的旅程分成數個步驟。首先你會在某個環繞地球的太空站上待個幾天，以便適應微重力環境，然後再搭乘太空梭，從地球軌道前往月球軌道。離開地球軌道的關鍵在於，要盡快穿越范艾倫帶，才能盡量縮短暴露在輻射之下的時間；一旦穿越范艾倫帶，就可一路滑行至月球。從地球軌道到月球軌道大約需要三天，除了點燃火箭離開地球軌道，以及減速進入月球軌道的數分鐘外，其他時間你都是處於無重狀態。接泊系統將會把你帶到一處登月車待命的太空站，或是直接讓你登上已在環繞月球的登月車，然後登月車再把你載往月球表面[2]。返回地球的過程大概就是上述流程倒過來進行。

往返地球與月球一趟的交通時數大約是三到七天。待在月球上的時間，則是數天到數個月不等。

2 早期有個叫做《月球冒險》（*Lunar Lander*）的電腦遊戲，得把一疊含有程式的卡片送進電腦裡才能夠執行。遊戲中你要用鍵盤控制一台月球登陸車。倘若你成功登陸月球，就會有個太空人從車裡爬出來，在月球上的麥當勞吃午餐。你可能也有機會在月球上吃麥當勞，不過我們在第六章會提到，麥當勞可能要調整月球分店的菜單。

小行星與彗星之旅

你若想離開地球跟月球組成的行星系統，可造訪數個近地天體。然而前往不同的近地天體，無論是所需費用還是時間都有天壤之別。造成差異的原因有兩個，首先，除了特洛伊小行星以外，所有近地天體環繞太陽所需的時間都跟地球不一樣；表示它們與地球之間的相對位置只有少數時候能讓我們不用花太多時間（幾個星期或幾個月）抵達。

再者，許多近地天體環繞太陽的平面，並非跟地球環繞太陽的黃道面完全一樣。我們平常派遣太空船前往的其他行星或小型太陽系星體，若不是在黃道面上環繞太陽，就是非常接近黃道面。太空船進入黃道面軌道所需的能量，遠比前往黃道面之外的軌道來得低。

若要造訪地月系統以外的目的地，赫曼轉移軌道是個很有效率的選擇（圖2.3）。這種方法只需要點燃太空船火箭兩次，就能把太空船送往目的地。

脫離地球軌道比脫離地球表面簡單多了。進入地球軌道後，只需要點燃一枚推進力小很多的火箭，就足以讓太空船以螺旋狀向外脫離地球軌道；然後在太空船接近目的地時，再點燃一次火箭，將太空船推入跟目標天體相同的軌道。這套做法雖然不需要進一步修正航道，但只有位在黃道面上、以近乎圓形軌道運行的天體才能使用。若要抵達軌道平面比黃道面略為傾斜的天體（未來有很多人類太空旅行的目的地都是如此），就必須多次點燃火箭，對赫曼轉移軌道進行航道修正。

另外一個近地天體的旅程選項，是前往地球唯一一顆已知的特洛伊小行星。這顆小行星目前編號為 2010 TK7，位於地球軌道前方60度角處。前往這顆小行星需要採用另一條還算單純的軌跡，只要讓太空船的速度跟方向稍微跟地球不一樣，就能讓太空船跑在地球前面，飛往小行星。這顆最長直徑大約300公尺的小行星，總有一天會取個跟特洛伊有關的名字，你可以先在這裡寫下心目中的名字：＿＿＿＿＿＿＿＿。

　　由於2010 TK7跟地球的相對位置永遠不變，要抵達它附近顯然相當方便，基本上想去就隨時可以去。若要前往其他彗星，或是阿波羅型、阿登型、阿莫爾型以及阿迪娜型小行星，由於它們只在某些時候才會接近地球，因此你得要提前好幾個月甚至好幾年規劃旅程，才趕得上出發時間。

　　雖然相對來說讓太空船抵達2010 TK7附近，不用花太多

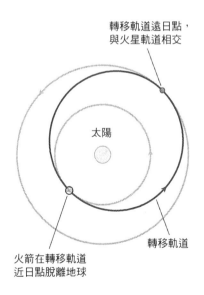

圖2.3：從地球前往火星的赫曼轉移軌道。從地球出發前往位在黃道面上、軌道幾近圓形的任何天體，都可以採用同樣的軌道。

NASA

錢，不過2010 TK7並不在黃道面上，而是像跟在小艇後頭的海豚一樣，在黃道面載浮載沉。因此若要讓太空船進入能夠著陸的軌道，所需燃料成本就會增加。你理所當然地會想要等到這顆特洛伊小行星切過黃道面時，再讓太空船像平常一樣與之會合，然而實際上沒那麼簡單，因為小行星屆時要不是從黃道面往上升，就是從黃道面往下沉。你的太空船還得要配備一具推進火箭，才能夠調整到跟小行星的垂直速度等速，讓你得以登陸造訪；離開時得用另一具推進火箭才能讓你返回黃道面上的軌道。前面已經提過，太空旅行是成本問題而不是技術問題。當然可能還有其他環繞地球的特洛伊小行星存在，它們有些運行軌道可能更加接近黃道面，有機會成為本世紀內，經濟上相對較能負擔的太空目的地。

　　在天文學家了解阿波羅型、阿登型、阿莫爾型、阿迪娜型小行星，以及短週期彗星的軌道之後，就可以預測它們何時距離地球夠近，藉此在後勤工作跟財務能負擔的情況下，成為太空旅行的可行目標。在我的想像中，初期造訪這些星體的乘客中，應該會有一些遊客、要做研究的太空人，或是要去開採的礦工。這樣的組合跟當年的不定期輪船有雷同之處：這些輪船主要是載貨用途，但也會搭載那些願意付費搭乘的人。

　　前往小行星或彗星的方法有兩種，都得先進入地球軌道，接著可以脫離地球軌道，朝向跟目的地天體交會的軌跡，或是從地球軌道轉入月球軌道，再從月球軌道前往目的地。航太科學家正在思考後者的可行性,因為借用月球軌道進入星際太空,比直接脫離地球軌道來得節省能量,換言之就是比較省錢。同理,從深太空返回地球時,先進入月球軌道再回地球,有時候會比直接返回地球更有效率。

總結來說,天文學家正著手整理可供我們探索、採礦,及觀光的小行星跟彗星清單。那些彗星對於規劃旅程來說特別難以捉摸,因為它們只有少數在黃道面上運行,即使是在黃道面上的彗星,也因為受到其他行星與矮行星的重力曳引,導致每次環繞太陽的軌道會有些許不同。

前往飛掠地球附近的小行星或彗星,所需時間取決於目的地軌道相對於地球軌道的位置。跑一趟要好幾個月,甚至一年以上,請做好心理準備。

火星及其衛星之旅

前往火星以及其衛星是人類近期的終極太空旅行。前往火星附近,同樣要先從離開地球,進入低地軌道開始,從此處直接前往火星是最省錢的。可在前往火星的太空船內,製造相當於地球的重力環境,如同電影《2001太空漫遊》跟《絕地救援》所呈現;方法是在太空船內建造一個緩緩旋轉的超大型離心機,把乘客推向太空船外緣,只要旋轉的速度適中,乘客就會被1G的力量往外推,如此一來乘客站在太空船的外緣時,不會覺得自己的體重跟平常不一樣。然而這樣做非常花錢,因此初期火星之旅的旅客,大概得飄浮在微重力環境之中。

你搭乘的太空船可以藉由赫曼轉移軌道抵達火星,也可以採用更經濟的「彈道捕捉軌道」(ballistic capture trajectory),

利用火星對太空船的引力，把太空船拉進軌道。這招跟赫曼轉移軌道相較之下，優點在於火箭不必出太多力，就能夠使太空船減速，但缺點是得花更多時間。

即使經濟上可以負擔建造巨型離心機，一旦離開地球軌道，你仍然會處於無重狀態，直到接近火星，太空船開始減速為止。隨著火星環繞太陽的軌道不同於地球，會大大影響到旅程所需時間。例如我們派遣到火星，相對較輕型的太空船之中，「水手7號」用了大約四個月，「維京2號」則是將近一年。你可以預期前往火星所需的時間為六個月到一年，返程差不多也如此。

我們先來考量一下如何前往火星的兩顆衛星。這兩顆衛星跟月球不同之處在於，它們跟母行星相較之下不但非常小顆，形狀也不規則（圖2.4）。月球的質量大約是地球的1.2×10^{-2}倍，火衛一的質量只有火星的1.7×10^{-7}倍，火衛二就更不用說了，這兩顆衛星很有可能都是被火星捕獲的小行星。火衛一上任兩點的距離不超過27公里，距離火星表面僅6,000公里；橫跨火衛二的距離則大約16公里，其距離火星表面兩萬公里。跟月球環繞地球的距離相比，這兩顆衛星環繞火星的距離相當近，其中較近的火衛一，每隔7⅔小時環繞火星一周，火衛二則是每隔30⅓小時環繞火星一周。相較之下，月球大約每27天環繞地球一周。我們尚未派遣過任何太空船前往火衛一跟火衛二，不過從火星軌道探測器所拍攝的影像顯示，這兩顆衛星上頭有隕石坑跟粉質風化層。只需要用到相對少的能量，就足以在這兩顆衛星上登陸或起飛。

談到這裡你一定會想：難道我們長途跋涉到火星，就只是為了去參觀它的衛星嗎？我沒辦法講出令人心動的賣點，例如「這裡大多由黃金構成，你可以隨手帶一點回家唷！」關於這兩顆衛星有何奇特之處，我們現在還沒有頭緒，但這並不表示，經過科學的探索之後，不會發現某些能夠吸引旅客的特色。目前最好只去這兩顆衛星的理由，說穿了其實沒什麼，只因我們有辦法抵達，也有十足把握能夠從那裡回家。相較之下，在可預見未來的各種太空飛行計畫裡，前往火星的技術是最具有挑戰性也最花錢的選項，要從火星回來更是難上加難。

　　現在來思考一下登陸以及離開火星的相關問題。火星直徑大約是地球的一半、月球的兩倍，表面重力（影響到你在火星上的重量）大約是地球的0.4倍、月球的2.3倍。這些數字有什麼意義？這表示登陸火星比起登陸月球，或是不久後可能拜訪的任何太空目的地都要困難，因為火星會使登陸車以更猛烈的力

圖2.4：火星的兩顆衛星：火衛一（左）跟火衛二。圖中斯蒂克尼隕石坑覆蓋了火衛一右側的大部分面積。

NASA/JPL-Caltech/University of Arizona

道降落。基於同樣的原因，要從火星表面返回到太空，也比離開月球更有挑戰性。

我們先從登陸說起。天體把登陸車往下拉的力道越強，火箭跟其他登陸設備就需要出更多力，才能夠讓你的載具減速到足以平緩著陸的程度。登陸火星格外複雜，因為火星有個大氣層（月球沒有），其大氣壓約是地球表面的0.007倍，也就是比我們呼吸的空氣稀薄60倍；即使火星的氣體組成可供呼吸（實際上無法讓人呼吸），其氧氣濃度也不夠。

火星稀薄的空氣跟低氣壓也會影響降落在火星表面的過程。降落傘是降落在火星上的必備裝備，由於地表越低、空氣越濃密，因此一般都會選擇登陸在峽谷中，因為那裡濃密的空氣可以讓降落傘發揮最有效率的緩速效果。不過即使選在空氣最為濃密的地點，火星上仍然沒有任何地方有足夠的空氣能讓登陸車光靠降落傘就安穩著陸，因此需要搭配額外配備，比方說在太空船因降落傘緩速到某個程度之後，再利用火箭進一步緩速。

由於登陸火星挑戰重重，在可預見的未來不太可能出現既能夠登陸火星，又能夠從火星起飛的登陸車。不過就如同《絕地救援》這類科幻電影所描述，在人們登陸火星表面之前，可事先把另一套返航用的火箭，小心翼翼地降落在火星上，讓隨後登陸的人能夠用這套火箭離開火星表面。

不過就算能先把返程火箭降落在火星，一進入大氣層就會出問題：空氣摩擦力會使火箭升溫，損害機械及電子設備。火箭在空氣不斷撞擊之下也有可能彎曲變形，因而扯斷電纜或是壓壞金屬。火箭著陸時只要稍微用力，其衝力也可能會造成嚴

科學與科幻（三）

想像一下你撿起一顆還沒充氣的氣球，它的橡膠材質既軟又有彈性；然後你開始吹氣，需要費點力才能有足夠的空氣撐開橡膠。最後你手上就會有個相對來說比較硬的橡膠物，裡頭也有飽滿的空氣。這時氣球裡有充足的氣壓，你若把氣球放掉，空氣便會衝出來，同時氣球會在房間裡到處亂飛。

你平常是在100千帕（kPa）的正常氣壓下呼吸空氣，相當於每平方公尺承受100牛頓的力。我們在太空船內呼吸的空氣，大約同於人們在這個氣壓下呼吸的空氣。這是國際太空站上的氣壓，應該也會是多數太空船以及地球以外人類棲息地的標準氣壓。然而電影《火星任務》中，前來救援的人卻發現劇中角色路克・葛拉罕（Luke Graham）生活在一個溫室裡（溫室不但可以長出把二氧化碳轉化成氧氣的植物，還能提供食物），溫室的牆壁由纖維構成，在微風中輕輕顫動著。問題是火星表面的氣壓比起地球，或是電影中的溫室內部，低了大約160倍，因此溫室的牆壁應該會像顆氣球一樣膨脹，而不是在微風中輕輕顫動。溫室的牆壁若不是用非常強韌的纖維製成，就一定會爆開。

重損害。只要有任何小地方出了毛病，就可能導致火箭無法升空，或是在升空過程中嚴重偏離航道，威脅旅客的安全。

　　好消息是，離開火星純屬工程問題，在科學理論上不至於難以克服，只要願意砸大錢，就能研發出能穩穩登陸火星、加滿燃料之後再把旅客載離火星的火箭。不過仍然具有相當難度，因此有些業界人士正在考慮，未來是否可以實現有去無回的單程火星之旅；這也說明了為什麼僅造訪火衛一跟火衛二比前往火星省錢。話雖如此，我們在最後一章仍然會探討，想要往返或移民火星的旅客，各有哪些選擇。

3 整裝待發

　　現今規劃地球上的長途旅程不算因難。比方說我跟妻子從沒去過愛爾蘭,若要規劃旅程,大概會先跟去過的朋友討論一下,再花幾個小時上網找資料,可能會知道我們想前往翡翠島(Emerald Isle)。然後我們會上網搜尋當地的交通、景點、住宿跟用餐選項,再點擊幾下滑鼠,就完成預訂了。我會檢查一下簽證跟防疫相關規定,然後再看看旅行期間的當地天氣預報,決定要帶哪些衣物。我還會確定護照的有效期限,以及手機在當地能否通話;所有旅程中需要服用的藥物,自然一樣也不能少帶。我們可能會閱讀一些關於愛爾蘭的歷史名勝資料,買幾本旅遊指南書籍,或是用智慧型手機和平板下載電子書。如果一切順利,基本上只需要幾小時到幾天工夫就可以上路。

　　然而前往太空旅行需要多做一些計畫跟研究。一旦你選好了目的地,首先得找個能把你載往目的地的交通工具。就如同在地球上旅行一樣,這可以線上預訂,不難辦到。接下來才是真正麻煩的地方:每個打算到太空一遊的人,可不像去愛爾蘭玩那麼簡單,他們必須經過各式檢測,確保沒有任何醫療、牙齒或心理上的問題導致他們無法成行。

　　你的病史將是關鍵所在。人類在太空中適應能力的相關研究有限,畢竟只有極少數的人曾上太空,醫生一方面不清楚既有病症對於太空旅行有何影響，也不知道太空旅行對各種病症有何影響（無論是本來就有的病症，還是到太空才發作的皆然）。此外，到目前為止，每個上太空的人待的時間長短都不一樣，他們搭乘的太空船也南轅北轍，甚至沒有完全呈報所有身體不適的症狀。因此實際上很難判定哪些病症是太空旅行造成的。

醫療與心理檢測

　　話雖如此，有些對於太空旅客的要求已編纂成文。美國商業太空運輸卓越中心（COE CST）在2007年首度為想要造訪國際太空站的人，公布要求標準，並在2012年更新版本；雖然該中心由美國聯邦航空管理局（FAA）資助，不過這份標準目前是非正式的，之後可能還會進一步調整。這些標準是根據三方面經驗作出評斷。首先，日常生活中的一般社交、醫療以及心理經驗，可作為是否能前往太空的基本準則。比方說罹患某些社交障礙病症，在地球上無法跟其他人良好互動的人，就無法獲准，因為他們可能會造成具有潛在危險的局面。出於類似道理，身上有多種醫療狀況且無法有效治癒的人，也被禁止前往國際太空站。所謂的醫療狀況包括：某些心臟疾病、某些使人無法穿戴太空裝跟頭盔等基本飛行裝備的生理殘疾、無法矯正的聽力或視力問題、呼吸與消化問題，或諸如糖尿病以及痛風之類的新陳代謝疾病、甲狀腺疾病，以及腎臟病等等。

　　對於女性遊客的要求會更嚴格。懷孕以及人類卵子細胞的安全在太空環境下都是嚴重的隱憂。雖然從未有人類胚胎在太空中發育，不過專家認為，胚胎若在微重力跟高輻射環境下發育，對胚胎及母體都有嚴重影響，因此除非日後發現事實並非如此，否則孕婦不能參加太空旅行。

　　我們是根據地球上許多與太空類似的情境，以及人們在極端環境下會有何反應，訂定太空旅行的心理準則。研究者為此研究人們在受到高壓力、被要求良好表現的情況下，會產生什麼反應；這些情況通常發生在潛水艇、探勘洞穴、南極、軍用飛機等等封閉環境。

　　即使人們的生理跟心理都適合太空飛行，這段經歷可能也會影響到他們日後返回地球的生活。隨著時間累積，來自曾經前往太空的人們的醫療、社交以及心理知識越來越多，在統計上已具顯著性。研究人員目前找出了太空飛行常會造成的問題，這些資訊有助於提供現在以及未來的太空人參考。舉例來說，如今已知太空人返回地球後罹患青光眼的比例，確實比沒去過太空但其他經驗都很類似的人們高。這樣的統計分析很有挑戰性，因為必須要考量很多特性像是年齡、性別、病史以及平日的陽光曝曬量等等，才能夠歸納出有意義的結論。迄今僅有短短數十年歷史的太空醫學，確實有頗多需要努力之處。

　　關於進入太空前，必須要通過哪些醫療檢測，可以線上閱讀2012年的《飛行機組員醫療標準暨商業太空飛行人員醫療認可標準》（*Flight Crew Medical Standards and Spaceflight Participant Medical Acceptance Guidelines for Commercial Space Flight*）。有些篩檢結果可能會讓你上不了太空，有些則是要你先接受一些醫療照護之後，才會准許你上太空。

法律與保險問題

　　了解太空飛行的相關法律問題，以及有哪些保險是很重要的事。每當我要搭飛機時，都會購買旅遊不便險，保險內容包括沒搭上轉機航班、壽險（意外死亡或斷肢皆有理賠）、旅途中一般醫療險沒有給付的醫療照護、行李失竊、行李損傷、行李遺失、旅程取消等等。你應該也會想要為自己的太空之旅購買一份類似的保險。

現在已有為太空旅客跟太空旅行公司提供的保險，然而相關問題十分複雜，值得花時間深入了解。綜觀來說，保險費率主要取決於某特定理賠事件（比方說旅程取消）發生的機率，以及事件確實發生後，保險公司的理賠金額。精算師會根據承保事件的相關資料，用各種數學工具算出每張保單的保費。

要決定太空旅行保險的保費費率，最大的問題是去過太空的人太少，保險必須理賠的意外事件更是少之又少。此外，保險公司也必須要有資金來源才能理賠，一般來說他們是拿客戶的保費來支付理賠金（而且仍然有利可圖），然而在太空飛行保險這塊新領域，保險公司尚未收到足夠的保費來支付理賠金。若不倚賴其他資金來源，讓他們能夠開始涉足這塊領域，就是得冀望理賠事件發生的可能性極低，讓他們在理賠保戶之前，能先賺到足夠的金額。

太空保險還有其他麻煩。假設有枚裝著運輸載具的火箭，在發射台上爆炸了，載具上還有乘客，這時會有好幾方要求理賠。首先是為火箭跟發射系統等硬體設施投保的太空飛行公司，倘若他們夠明智的話，還會為諸如NASA之類的政府相關單位調查肇事原因，以及重建發射系統期間所造成的收入損失投保（該公司這段期間很有可能會被勒令停飛）。再者，火箭裝載的運輸載具所有人不一定是太空飛行公司，但他們也一定會為運輸載具投保。罹難或倖存的機組員跟旅客也會要求賠償。那些並未參與太空飛行計畫，但也因此蒙受損失跟人身傷害的人（稱為交易第三方），同樣必須受到賠償。

第三方補償是太空飛行公司必須承擔的義務。比方說太空船起飛後，有塊機身掉落，砸爛了某人的游泳池；游泳池的主人跟太空飛行一點關係也沒有，因此在你這位乘客跟太空飛行公司分別是交易雙方的情況下，游泳池主人就是這場交易的第三方，他有充分理由要求太空飛行公司賠。倘若第三方因為意外事故身亡，這當然更嚴重，理賠金也會相當昂貴。

事實上曾發生類似意外。2015年6月28日，太空探索科技公司（SpaceX）旗下的獵鷹9號運載火箭，裝載要送往國際太空站的補給品跟實驗設備。這枚火箭在美國佛羅里達州卡納維拉角發射升空之後往東飛行，但在發射幾分鐘之後就爆炸了，所有的殘骸都散落在大西洋上。雖然火箭跟運載的貨品毀於一旦，不過保險都有給付，沒有第三方人員或財產受損。

其它跟太空旅程有關的法律議題，想像一下你在太空飛行途中，一個太空艙中的巨型食物儲藏櫃，壓斷了你的手臂，你能夠控告太空飛行公司或軌道飯店嗎？答案是不行，因為你在出發前簽了一份同意書，表示你知道此行的潛在危險，倘若因為意外事故受傷或死亡，太空飛行公司跟飯店都不需要為此負責。然而看你行前買了多少保險而定，保險公司可以支付你受傷的相關費用，你若身故的話則會理賠給受益人。

關於太空旅行的法律問題極為複雜，距離編纂成文還有一段漫漫長路要走。我們再來考慮另一個案例：想像一下你從位於亞歷桑納州南部的「美國太空港」搭乘火箭，結果出了狀況，太空船不得不在德州阿馬里洛附近迫降，導致40號州際公路跟周圍的農地嚴重受損。這時候太空飛行公司要遵從誰的法規？新墨西哥州還是德州的？阿馬里洛市所在的波特縣還是蘭德爾縣？抑或歸美國聯邦管轄？這問題還沒有明確答案。

　　再舉一個例子：倘若太空船從美國起飛，卻墜毀在德國，這時候要採用哪國的法規？聯合國有權為這類事務裁決，但前提是雙方都有共識。實際上很難達成共識，因此目前法律只是模糊提到，這些事情要盡量在不引起對方不快的情況下處理。既然現在已有商業太空飛行，相關的法律問題就必須要有一清二楚的法條依循。無庸置疑，太空法律跟太空醫學一樣，仍然有頗多需要努力之處。

行前訓練

　　有位我認識的成年人，我們姑且叫他亞歷克斯，他從來沒搭過飛機（這是真人真事，只有名字跟地點不同）。他想要從緬因州前往加州，參加一個我也會去的科學聚會，我說我會幫他安排旅程，他開心地接受了。首先我教他怎麼打包行李，哪些東西可以帶上飛機，哪些必須托運。到了緬因州班戈機場，我教他怎麼報到，然後讓他跟著做一遍。在安檢處時，我告訴他運輸安全管理局的那些傢伙只是在盡本分，別把他們的行為舉止當成是在找你麻煩。然後我先通關，他跟在我後頭，之後旅程中的每一步，我都會告訴他接下來會碰上什麼事、該怎麼處理，必要時再詳細解說。我們抵達洛杉磯國際機場時，他對整趟旅程感到相當滿意。

　　太空旅行跟前往地球上任何地方都大不相同。除了次軌道飛行以外，太空旅行完全不像一般旅行那麼簡單。有了這點認知後，我們接下來瞧瞧，為了要前往太空，你必須接受什麼樣的訓練。

　　職業太空人依照其任務角色不同，通常需要接受二到三年的訓練才有資格進入太空。你的行前訓練會比太空人的訓練期短得多，倘若參考目前市面上的太空飛行機會，參加次軌道飛行需要經過數天訓練；若是要飛進地球軌道或前往月球，最起碼需要一到三個月的訓練期，視你選擇的飛行方式而定。若是前往其他星體或是火星，由於面臨的狀況比較複雜，旅程所需時間也比較長，因此訓練期會比前述來得更長。在接下來的章節中，我們會逐一揭曉這些旅程的訓練差異何在。

任何太空飛行的基礎訓練，一定是從教室開始，先從書本上得知你會碰上什麼狀況；然後在啟程之前，模擬那些能夠有效呈現的因素，讓你有機會實際體驗。你將會經歷身處在極大加速度、微重力、低氣壓環境下的感覺，學會如何使用太空裝跟安全背帶、如何進出太空船、如何在微重力環境下吃喝拉撒，以及如何應對各種緊急狀況；這些訓練可幫助你面對在太空中可能會碰上的大多數狀況。事前的心理建設可以讓你感覺比較踏實，對你自己以及其他旅客也比較安全；倘若沒有準備就匆匆上路，到時候場面肯定一團混亂。

你待在太空時的社會心理層面也十分重要，事關你能否跟同伴好好相處、善加利用時間，以及妥善處理旅行期間地球上的家務事。在啟程之前，會有專人跟你好好討論這些議題，也會教你許多應對技巧。這些問題我們將在第八章深入探討。

身處在太空中的微重力環境，暴露於高能粒子跟輻射之下……在地球上根本找不到可類比的相似經驗。即使只在微重力環境下待個幾天，身體為了適應環境，也會產生相當程度的生理變化（我們會在第六章討論）。現在先來了解，為了讓你能夠適應太空生活，在出發前會接受什麼樣的訓練。就從G力開始談起吧！

極大加速度

在前往太空跟返回地球時，你會經歷各種加速度變化，其程度超乎你經歷過的任何狀況。加速度基本上是指你的運動速度或方向產生變化，通常我們把速度或是轉彎幅度增加稱為加速，速度或是轉彎幅度減少稱為減速。向上飛進軌道時，你會經歷極大的正加速度，為時大約九分鐘；返回地球表面時，你會經歷極大的負加速度，為時大約八分鐘。

這些極端感覺究竟是何滋味？想像一下你坐在愛車的駕駛座上，踩下油門，車子在六秒內從靜止狀態到達時速97公里。很明顯地，你在這六秒內讓車子加速，因此也體驗到一股力量（F = ma）把你推向座位。我們比較一下這股加速度跟地球平時對你產生的拉力：地球重力加速度是每平方秒9.8公尺，表示你朝地球墜落時，每一秒的速度會比前一秒快秒速9.8公尺。經歷加速或減速有個用語，叫做「承受G力」；復習一下第二章，一個G力相當於1乘以地球重力加速度。在你的愛車開始移動之前，你在水平方向沒有承受任何G力；而在加速的過程中，你在水平方向承受近乎0.5個G力。

相對於其他生物來說，人類有點脆弱。無論加速度來自什麼方向，我們能承受的有限，不然就會受到永久性傷害，甚至因此死亡。此外，我們能夠承受多少G力，取決於加速度相對於身體的作用方向。倘若你站在一個往上移動的電梯裡，你的脊椎就會感受到加速度，身體裡的血液被迫往下輸送到腳；倘若這股加速度大約5G，你會因為有太多血液過於迅速地離開大腦而昏厥，同時還會出現其他內傷，更別說你的脊椎會因此被壓斷了。

　　接下來我們想像一下坐在車裡，體驗加速度把你往後推向座位，這時你的血液會從身體前方流到後方；相反地，倘若你看到前方有狀況，不得不急踩剎車，身體就會被往前推向束緊的安全帶，這股負加速度會迫使血液流往身體前方。無論血液往前流還是往後流，一名健康成人在承受6G的情況下，大概只能撐個幾分鐘，然後就會昏過去。

　　順帶一提，當你跳起來或往下墜落時，都會因為地球重力而產生往下的加速度；當你落地時，你就會從撞擊到地面前的瞬間速度，以負加速度降到時速零。這可不像搭乘火箭，由於負加速度發揮作用的時間非常短暫，人體承受如此驟變速度的能力十分有限，這就是為什麼倘若我們從太高的地方摔下來，身體會受傷的原因。倘若太空旅行一切順利，理應不會經歷突如其來的加、減速情況，不過要是諸如停泊作業出問題，便得謹慎以對。

　　受到極端加速度跟負加速度的時間過長，其後果十分嚴重，會導致人們昏厥、脊椎斷裂、視覺受損、失明、產生動脈

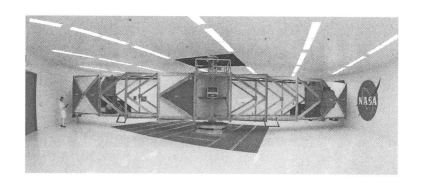

圖4.1：太空人在離心機裡接受訓練，模擬從地球發射升空以及重返地球大氣層時，會感受到的強大力量。

NASA

瘤、循環系統受損，心臟尤其容易受傷。

　　在前往太空之前，你必須接受測試，看看能否承受起降地球跟其他星體時的極大加速度。這項測試可能會在巨型離心機進行（圖4.1），你可以把它看作一種高科技旋轉木馬。一般來說，受測者會被繫在離心機的外緣座位上，面向內側（也有可能面向其他方向），然後機器就會開始跟旋轉木馬一樣，旋轉得越來越快，加速度會把你往外推。換句話說，當你面向內側時，就會感覺到自己像是坐在加速中的汽車或火箭裡一樣，被推向座位的力量越來越大。離心機可用來衡量你在「承受G力」下的反應。

　　離心機旋轉的速度有時候會讓裡頭的人感覺像承受了4G到6G。這些檢測不會超過10分鐘，其目的是讓人感受上升進入軌道，以及返回地球時，會有多大的加速度。

微重力

　　雖然在發射升空、改變軌道及降落時，必須要經歷加速度增加的情況，然而每趟太空旅行總有某些時候是處在微重力或失重狀態：倘若是次軌道飛行，只有當你處在拋物線行進軌跡的短短幾分鐘而已；如果你是前往一座環繞地球的太空飯店，那麼只要你待在軌道上，想要體驗失重狀態多久都可以[1]。假如你是前往月球或其他星體，往返途中同樣會處於失重狀態。失重狀態雖然聽起來很刺激，然而卻會對人類造成極大困擾，無論短期還是長期都有所影響，我們會在第六章跟第七章詳加探討。在這裡先簡單介紹一下你剛開始在失重環境下會有什麼體驗，行前訓練當然也包含了這部分。

1　前往遙遠星體時要考量離心力問題，我們可以繞著中軸旋轉，藉此模擬重力效應。問題是倘若你距離旋轉軸很近，旋轉速度就必須要非常快，才能有正常重力，然而旋轉得太快卻會讓你頭昏眼花。因此若要用離心力製造重力效應，你下榻的飯店或搭乘的載具直徑必須要夠大，旋轉的速度則要非常慢，這樣才不會讓人覺得不舒服。也許未來是可行的。

　　我們之所以能夠感覺到重力（辨識出哪邊是下方），靠的是位於內耳纖毛上稱為耳石的小小鈣石。耳石通常會被重力往下拉，與纖毛連結的神經就會感應到耳石的變化，比方說當身體前傾的時候，耳石就會往內耳前方移動，使得纖毛跟著往前彎曲，大腦就會把這解讀為「我在往前傾」。

　　然而當你處在失重狀態時，沒有重力會拉扯耳石，因此無法提供大腦方向資訊。這時你就必須倚賴雙眼辨別方向，然而在失重環境下，即使你的眼睛看到了某個方向，也沒有可供憑藉的感覺來確認哪邊是下方。就算有張寫明「此處是下面」的標示，你的大腦還是會試著向內耳要求信息，然而內耳這時候卻無能為力。

　　大約有四分之三的人在第一次體驗微重力環境時，會經歷一種定向力障礙，稱為「太空適應症候群」或是太空暈眩。你如果曾經暈船的話，大概懂我在說什麼，海上船隻搖擺不定所造成的效果，就有點像你在微重力環境下的神經失調感。船隻搖擺不定，大腦搞不清楚東南西北，你在太空中大概也會如此，使你想要嘔吐。啟航第一晚，船上幾乎每個地方都會有嘔吐袋，就是因為任何人在旅程初期都有可能會想吐。太空暈眩的症狀包括噁心、嘔吐、極度頭痛、嗜睡、喪失方向感、出汗、缺乏食慾等等。即使根本沒有在移動，喪失方向感的人可能也會覺得房間轉個不停。幸好太空暈眩通常只會發生一次，不到三天就能恢復。為了做好準備，我們得在飛行前的先暖身。

　　倘若你沒有充分了解失重狀態、事前未曾體驗也未做好準備，就冒冒失失前往太空，很可能會敗興而歸。服用藥物可避免你在短程旅途中出現太空暈眩，因此當你穿上太空裝時，會順便讓你服上一劑。但是只要你沒繼續服藥，就很容易暈眩，因此他們可能會鼓勵你咬緊牙關撐過去。為了讓你更了解太空暈眩是怎麼一回事，你必須要在成行之前先體驗失重環境。

體驗微重力環境以及感受太空暈眩的訓練會在飛機上進行。飛機的飛行路徑在拋物線階段時（圖1.9），你會處於失重狀態。這些用來訓練失重、叫做「嘔吐彗星」（Vomit Comets）的飛機，每次訓練會有多達30次的拉升俯衝循環，每次循環你都會處於失重狀態大約15到30秒；接著飛行員會把飛機從俯衝狀態拉平攀升（你在這個階段會感受到大約2G），再進行下一次循環。即使是這麼短暫的失重期間，也會導致許多人嘔吐。

在地球的水下環境也能體驗失重，或是利用特殊背帶在陸地進行，目的是要訓練你如何在失重狀況下移動身體。一般狀況下我們會漂浮在水上，不過只要綁上一些重物，就可以抵銷身體在水下形成的浮力；穿上具有功能的太空裝，再綁上重物，就能夠停在水下某個深度，既不會往上浮也不會往下沉。這種情況叫做「中性懸浮」，可用來模擬太空中的微重力環境。然而無論你是在水下還是陸地，穿著太空裝做失重訓練，他們一定都會給你服用抗噁心藥物。

低氣壓

氣壓降低是你在太空中可能會面臨的緊急事故之一。失壓會減少你呼吸的空氣含氧量，導致血液缺氧。失壓的原因有很多，舉凡空氣系統的軟硬體故障、太空船被太空殘屑擊中而破洞，或是太空裝漏氣都有可能。你一定要很清楚缺氧會產生什麼症狀，並且在情況演變成致命危機前即時反應。

　　你會接受的缺氧訓練可能會很類似我在1970年於美國佛羅里達州彭薩科拉市的海軍航空基地的「美國海軍飛行教育計畫」（U.S. Navy's Flight Indoctrination Program）。我們在飛行前都會到缺氧室上課，缺氧室的空間跟一輛公車差不多，裡頭的座位朝向內側。每個人都會有氧氣面罩，桌上會放一杯水，然後教官教我們如何戴上氧氣面罩。在檢查過每個人都戴好面罩之後，房門就會關起來，房間裡的空氣開始被抽掉。房間會漸漸變冷，桌上那杯水也開始冒泡泡，就好像水被煮沸似的。那杯水當然不是真的煮沸了，而是因為房間裡的氣壓降低，被困在水中的空氣受到周遭大氣壓縮的程度不再像先前那麼多，因此向上浮出水面，從水裡跑出來，就像你打開一罐啤酒或汽水時的情況一樣。教官這時叫我們把氧氣面罩拿下來，空氣已經變得更難以呼吸，吸氣的感覺跟以往不同。我感覺到呼吸短促並開始咳嗽，就連拍掌這種簡單的動作做起來也很困難。然後教官再度叫我們把氧氣面罩戴上，可是已經有人開始昏迷，只好請坐在他旁邊的人幫他戴上面罩。這樣的實作訓練能使我們更加了解缺氧是怎麼一回事，如果日後碰上這種情形，就會知道該如何面對。

　　了解各種缺氧症狀如呼吸短促、出汗、咳嗽、混淆感、協調性降低、膚色改變等等能夠讓你在太空中立即反應：迅速戴上氧氣面罩，打開空氣供給系統，然後發出警報。這是你在行前受訓的緊急狀況之一，也是在太空中保持警覺的價值所在。

太空裝

　　到了某個訓練階段，你就要學習如何使用太空裝。你將會有一套太空裝，不過可不會像出自私人裁縫那樣量身訂做。在發射階段、走到太空站外頭（正式名稱是「太空載具外活動」）、遇上緊急狀況，以及返回地球時，你都必須穿上太空裝。發射升空跟重返大氣層階段穿戴的太空裝相對來說較輕便，以便太空人可以穿著太空裝在地球上行走。

　　專為太空載具外活動設計的太空裝，其結構比較複雜，需要經過更多訓練才會使用。太空裝及其內裡由數層材質構成，每層都有不同的功能，包括保持體溫、維持可讓你輕鬆呼吸的氣壓、保護你免受太空輻射跟高速粒子侵襲、移除來自身體跟呼吸的溼氣及防火等等。每當你穿上太空裝時往往得要穿尿布，因為一穿動輒就是八小時。太空裝複雜、笨重無比，穿起來又不舒服，卻是你不得不忍耐的裝備。

　　你也必須要了解太空裝支援的特殊周邊功能。太空載具外活動專用太空裝有數十款重要配備，像是通訊設備、精密的空氣淨化跟供氧設備、與太空站或太空船拴繫的繫繩（這樣你才不會飄走）、電視攝影機等等，族繁不及備載。你會在行前訓練時學會如何在一般狀況跟緊急狀況下穿上太空裝，以及如何使用相關設備。

　　在太空裝內呼吸的空氣跟在太空船以及太空站上不一樣。太空站跟太空船上的空氣除了沒有氬氣、氖氣跟氦氣之類的微量氣體以外，其成分跟氣壓與地球上的空氣並沒有差別，都是78％的氮氣跟21％的氧氣。然而你在太空裝內呼吸的空氣相較之下很可能稀薄得多（氣壓較低），其化學成分也有所不同。目前所有太空裝的氣壓都比較低，原因在於你若在氣球或太空裝這種彈性容器裡頭灌進越多空氣，容器就會變得越硬（以氣球來說就是會擴張變大）。若是把目前任何一套太空裝加壓到我們平常呼吸的一大氣壓，太空裝就會硬到根本沒辦法移動：你的雙臂會跟身體呈直角，雙腿則會呈V字型，除非有人將太空裝洩氣，否則你就會一直維持大字形姿勢。因此太空裝通常只會加壓到一般大氣壓的30％左右，而且空氣由純氧構成。

　　有則關於高壓太空裝的有趣軼聞。前蘇聯太空人阿列克謝・列昂諾夫（Alexi Leonov）在1965年穿戴一套起初加壓到一般大氣壓40％左右的太空裝，進行人類史上第一次太空漫步。然而由於太空裝裡的空氣受到他的體溫跟太陽加熱之後，氣壓隨之上升，太空裝也如上所述變得硬梆梆，結果在他太空漫步12分鐘後，竟然沒辦法回到「上升2號」太空船內……幸好他可以手動減壓，直到能夠把自己塞回太空艙為止。

　　從一般氣壓過渡到太空裝氣壓並不容易。這不只是穿上太空裝、把一般空氣淨化成純氧，然後灌進太空裝內直到一般大氣壓的30％為止。從一般氣壓到太空裝氣壓就跟水肺潛水太快浮上水面一樣，血液裡的空氣會形成氣泡（就如同我在缺氧室看到的那杯水一樣），使你產生減壓症，導致各種症狀，甚至死亡。所以在你穿上太空裝之前，必須先經過一段減壓期，讓身體適應較低的氣壓。

　　倘若太空裝的氣壓能夠調整到一般大氣壓，又不會使太空裝膨脹變硬，那麼所有關於當代太空裝的問題都可以拋諸腦後了。這樣的設計已經研發多年，基本原理是把外層做得很堅固，硬到空氣無法將外層往外推，但是挑戰在於如何設計出可

活動的關節。當你未來要前往太空時，這樣的太空裝可能已經
問世，這麼一來你在地球上的訓練內容，以及適應太空生活的
日子，就會更加輕鬆。

飛行／太空船／星體表面模擬器

在起飛之前你還會參與無數次的模擬訓練；除了如何在失
重環境下從事性行為以外，太空生活的各個層面大概都涵蓋在
內了。你會接觸到所有模擬發射及登陸的載具、即將造訪的軌
道飯店或太空站、將你載往月球或其他星體的太空船、前往目
的地的登陸車，以及火星棲息地等等高科技模型。

你在這些模擬器內會經歷各種日常生活跟緊急狀況情境，
這樣你才會知道碰上這些情況時該如何反應。舉例來說，假設
太空船被流星體打穿了一個洞，空氣開始外洩，這時候你該做
些什麼，又該如何安排順序呢？你不但必須要知道什麼該做，
也必須知道如何有效地跟他人溝通合作，並且在容易引起恐慌
的情況下保持冷靜。

倘若你會離開地球軌道，便會先在地球上的水下環境體會
一下在目的星體上漫步的感覺。在月球上跌倒再爬起來，跟在
地球上或其他星體上的感覺都大不相同，若在啟程之前先練習
一番，可使你的太空體驗更加舒適。你甚至還可以在類似即將
造訪的星體表面練習散步，比方說NASA就利用位於南極的多
處地點、華盛頓州中部摩西湖市的周圍地區、亞利桑那州弗拉
格斯塔夫市附近的黑點熔岩流（Black Point Lava Flow）地區，
以及夏威夷群島的多處熔岩地形，模擬在月球上行走的感覺。
NASA還利用位於格陵蘭島西海岸外，加拿大努納福特地區的

德文島模擬火星地表。

在訓練過程中，你會穿上全套適合目的地環境的太空裝，練習屆時要做的事。比方說你可能要沿著山脈或峽谷壁走上好幾公里、騎乘月球四輪車探索洞穴、學習如何收集岩石等等。

盥洗技巧

在太空船上有個技能相當重要且一定要學會：如何在太空中上廁所。太空裡沒有重力，表示尿液跟糞便不會「往下掉」，因此你將學會如何尿在真空管裡頭；它會把液體吸走，處理之後變成飲用水。你也將學會如何穩坐在馬桶上排便，好讓馬桶把糞便吸走。隨著前往地點以及搭乘的太空船不同，你上廁所時能夠擁有多少隱私也很難說，這點請銘記在心。

其他像是如何在太空中使用淋浴設備等等基本技巧，也跟在地球上大不相同。在微重力環境下想要讓水川流不息地從蓮蓬頭落下來淋浴極為不切實際，因此你大概會用溼紙巾擦拭身體，取代淋浴。想要當個太空旅客就得放棄一些小小的享受。對於那些前往太空探險、投身於太空探索事業的人來說，像淋浴這種一般旅行可擁有的舒適感，實在沒那麼重要。

PART II

適應太空環境

5　發射升空！

　　火箭發射升空將是你這輩子最刺激、最令人滿足、最恐怖的經驗之一。在經過重重訓練，每個步驟都演練了好幾次之後，你會發現升空當天的準備工作出乎意料地直截了當。出發前一天晚上你大概會跟家人朋友相聚，吃頓精心準備的大餐。一覺好眠後的早晨，你會跟同行的太空旅客一起吃頓傳統的發射前餐點。在搭車前往發射載具之前，你可以再見家人朋友一面，不過出於安全理由，可能無法跟他們有肢體接觸，這是為了確保你的太空裝完好無損。

　　你會身穿太空裝進入軌道，這樣倘若發射載具的空氣外洩，或是任何有毒氣體從燃料槽之類的地方滲進載具，太空裝可以保護你。起飛跟降落時使用的太空裝，裡頭的氣壓大約跟飛行於海拔9,000公尺的噴射客機一樣。另外，由於起降時機艙內的氣壓與太空裝相同，因此太空裝在加壓時並不會膨脹，穿上太空裝移動的感覺就跟平常穿冬裝差不多。

　　就過往經驗來看，起降時穿在太空裝裡頭的尿布很少真的派上用場，因為大多數的太空人在穿上太空裝前，都會先去一趟廁所。同理，只要你控制攝取的液體量，就能避免尿布吸收過量尿液。不過現代尿布的製作技術實在很先進，可以吸收多達兩公升的液體，就算真的憋不住也不會滲漏！

　　在發射前穿上身的太空裝，並沒有配置所有你需要用到的硬體裝備。畢竟有些裝備非常精密，因此你穿戴上身的時間越少，損壞的機會就越小。此外，最終裝備中有些既笨重又令人不舒服，比方說把你綁在座位上（可能也把你繫在緊急降落傘上）的安全帶、靴子、手套、頭盔等等，直到你真的要踏進太空船時，才會把這些東西穿戴上身。

次軌道飛行

　　倘若你的旅程是採用第二章提過的母船方案，那麼在你登機之前，太空飛機就已經跟母船結合在一起了。還記得升空的粗活都是由母船負責嗎？比起要進入軌道或前往更遠處的旅客身上的太空裝，次軌道飛行的太空裝裝備雖然簡便許多，但仍然需要最終裝備：在你進入太空飛機之前，必須要戴上頭盔以及通訊設備，可能還要裝個氧氣槽以備不時之需。這些步驟都會由地勤人員協助。

　　由於次軌道飛行主要的特色在於體驗失重環境，因此會像搭乘一般飛機一樣，進入太空之後就可以離座，享受在機艙內四處飄浮的樂趣。不過這些座位的材質會比一般飛機座位紮實許多，才能在上升或下降的加速度過程中，支撐你整個身體。把你固定在座位上的安全綁帶，大概會跟軍方飛行員使用的綁帶類似，會平均繞過雙肩，而不是像汽車安全帶那樣只繞一邊肩膀。倘若太空飛機的座位配有緊急彈射功能，那麼把你固定在座位上的方式就會稍微複雜，因為還需要一組把雙腿牢牢綁在座位上的束帶，彈射時才不會受傷。

　　地勤人員會領你入座、把你固定在座位上、替你接通線路。他們會檢查你連接的每個系統，包括通訊設備、供氧狀況、攝取液體的用具，當然也會檢查安全帶是否牢固。每一名乘客都會受到相同的關照，隨後地勤人員會離開飛機，並關上機門，不會有空服員陪你一起升空。

接下來整個機艙內會充斥著噴射引擎的隆隆巨響，你應該可以透過無線電聆聽地面控制中心指示母船如何移動、飛行控制中心如何掌控這趟飛行的所有細節，以及母船飛行員、太空飛機飛行員、空中交管等人之間的對話。空中交管人員的工作是確保附近不會有任何未經許可的飛機。

起飛的感覺就像一般客機起飛，只是動力比較強。在你起飛之後，會有另一架飛機緊接著起飛追上，它的工作是監看掛載於母船底下的飛機，上升過程中是否有任何問題，像是燃料外漏、太空飛機或母船受損，或是機體出現震動等等造成機身不穩定的現象。

倘若一切順利，在伴機的陪伴下，母船會上升到它所能到達的最高處。在檢查過母船與太空飛機之間的內部系統後，伴機飛行員會進行最後一次視察，等地面上所有相關單位都發出許可後，母船就會直接投放太空飛機。投放後數秒，裝在太空飛機後面的火箭就會點燃，其產生的推進力會把你重重地向後推往座位。你的座機會向上傾斜，往卡門線飛去。

飛向軌道

如同第一章所述，所有要前往軌道太空站或是軌道之外的太空飛行，都必須要先飛進遠低於太空站的軌道。在告別親友之後，你就會被載往發射台；下車後，你會搭乘電梯或吊車上升到「白室」（因為傳統這個房間都會被漆成白色），太空人會在這裡著裝完畢。

　　你在白室穿戴的裝備會使你徹頭徹尾改頭換面。你身上的太空裝這時會掛滿電子設備、緊急氧氣槽、飲用水，端看科技發展到什麼程度，可能還會配上一具降落傘跟求生裝備。安全綁帶會繞著太空裝，把你牢牢地固定在座位上。你會戴上供通訊使用的耳機跟麥克風，手套跟靴子也會跟太空裝接合。最後則是裝上頭盔，可能會配有一副可縮式眼罩，在不需要密封太空裝的情況下，可以把眼罩收到頭盔上方。

　　你搭乘的太空艙會由垂直停放在發射台上的火箭搭載升空，進入太空（也可能是太空飛機）。著裝完畢後，你就會進入太空船內坐好，支援人員會幫你連接機上的通訊、監控跟供氧系統。在確定所有系統都正常運作之後，支援人員就會離開，關上太空船的門。雖然流程你演練過好幾次了，不過當你聽到隆隆聲響，感覺到火箭開始運轉時，就會知道這回是玩真的。座位會向後傾斜，因此你的上半身會處於躺姿，雙腿則在軀幹上方呈現坐姿；在這個姿勢之下起飛時，你會被往後推向座位。在發射前你通常得在座位上待大約兩小時。

　　發射時會倒數計時。NASA傳統使用字母T標示預定發射時間，但你的運輸公司不一定會採用這套用語，不過可以確定的是，在發射之前一定會有段「10、9、8、7、6、5、4、3、2、1、發射！」的倒數。倒數期間火箭已經點燃了，但會用鉗架固定在發射台上，等到火箭推力達到所需程度時才會釋放。發射前你應該會明顯感受到不停震動的機身。

　　進入軌道途中，你會有很多感受。一旦火箭開始攀升，你可能會感覺到震動忽大忽小，這取決於載你到太空裡的火箭種類。液態燃料火箭推進的感覺據說比固態燃料火箭平穩得多。你在剛升空的數秒鐘會被重重地推向座位，感受火箭加速所造成的力量，好像玩命似的。每當火箭投棄用不到的那一節裝置，並且開始下一階段的點燃作業時，你會再度感覺到一股衝力，點燃次數也是依照你搭乘的火箭有多少節而定。在發射後10分鐘之內，火箭就會停止點燃，你也已進入低地軌道。倘若一切順利，推進火箭就會在短短幾分鐘內再次點燃，將太空船以螺旋狀向外送往太空站；那裡可能是你的目的地，或是在太空中的第一個休息站。從進入軌道算起，大約五個小時就能抵達太空站；不過倘若進入軌道時出了狀況，可能需要兩天才能抵達太空站。

頭幾天的適應期

雖然人體的演化不是為了要在太空中生活，然而人體在微重力跟高輻射環境之下生活好幾個星期或好幾個月的適應能力卻相當令人佩服。我們接下來會探討人體如何面對太空生活，一旦進入卡門線上方的軌道、前往太空站的途中，身體馬上就會發生變化。

視覺與運動技巧

在太空船離開地球軌道，進入較高的軌道時，會產生短暫的加速度；但如果我們忽略這段過程，你在太空旅行時都是處於失重狀態。經過訓練的你當然知道失重是何滋味（參見第四章）。許多太空旅客會出現各種與內耳失衡有關的神經症狀：除了太空暈眩以外，還會頭昏眼花、感覺天旋地轉、眼球迅速抽動。即使在這些症狀消退之後，大腦為了適應微重力環境所做的改變，也會反映在各種生理跟精神狀況上。

你先前在水下訓練時已練習像是轉手把以及切換開關等等比較精細的動作技巧，但到了太空還是很有可能必須重新學習。與地球連線是太空旅行公司的當務之急，因為這樣旅客才能夠跟親友保持密切聯繫；不過像是發布動態以及寫部落格等等需要手部靈活運作的電腦相關活動，你可能得要練習一段時間才不會覺得很困難。

　　你在進入太空初期所遭遇最令人困擾的神經系統問題之一，大概是無法辨別身體各個部位間，以及與其他鄰近物體的相對位置。如果方便的話，現在你就可以做個小實驗：把雙手平舉在身體兩側，閉上眼睛，然後一次動一隻手，用食指去摸鼻尖。除非你在做這實驗時已經喝醉了，不然應該是小事一椿，因為你「知道」手指跟鼻子之間的相對位置。這種「知道相對位置，並且能夠把身體的某個部位移動到正確位置的能力」（在這個例子中，是把手移到鼻子上），叫做本體感覺。喝醉時會嚴重影響本體感覺，這就是為何警察在測試酒駕嫌犯時，經常會叫他們做上述動作，或是要求他們走一段狹長的直線。

　　在軌道上的微重力環境下，你的本體感覺也許會暫時受影響，伸手拿東西時會發現它們跟你的距離，比你想像中來得近或遠；因此你可能手臂伸得太長，一下子就戳到東西，或是搆不到東西。無論是彎腰脫鞋這類需要判定身體部位位置，還是按下按鈕這類需要觸及身邊東西的動作，都可能有類似情況。

　　判斷要出多少力量移動東西，是你在太空旅行初期可能要做的另一項調適。你知道自己跟你接觸到的每樣東西在軌道上都是失重的，然而所有東西在軌道上仍然具有質量。你可沒辦法把一個200多公升的桶子裝滿水，然後在微重力環境下隨手拋出去，你還是得對任何你想要移動的物體施加力量。在太空中這樣做跟在地球上的差別在於，一旦你對某個物體施加力量，它就會一直保持移動狀態，而不會像在地球上那樣，因為重力而「掉下來」。不過即使知道這點，剛開始你大概還是無法適當地出力移動東西，得要練上好幾個小時，才能夠穩穩地抓取跟移動物品。

體液重新分配

　　我們的身體在微重力環境下會有所調整。人體經過演化，總是盡可能利用重力，尤其是血液離開心臟「往下流」到腿部時，無論你是處於站姿還是坐姿，都有重力幫忙；這可以減少心臟的負擔，不必出相同力道就能讓血液流到全身各處。然而在太空的微重力環境下，這股向下的拉力不見了，腿部得不到平常的血液供給量，心臟卻不知道下行的血流量變低，並不會跳動得更快、更用力，好把血液推到腿部加以彌補。由於流入的血液變少了，你的雙腿會開始越來越細長；不過只要一返回地球，雙腿就會回復正常的大小跟結構。

　　在正常情況下會流到雙腿的血液當然仍在你體內，不過現在這些血液集中在頭部、雙臂跟軀幹，因此這些部位很快就會開始腫脹。你的臉看上去會顯得胖胖的，那就是為什麼大多數太空人在任務初期都不拍照的原因之一[1]。相關的徵兆與症狀有鼻塞、嚴重頭痛、皮膚出油、頸部靜脈腫脹等等。

　　流入大腦的額外血液有可能會造成嚴重損傷，這就是為什麼大腦會立刻發送荷爾蒙訊息給腎臟等相關器官，把這些額外的液體排出體外；你會因此變得比平常更為頻尿，直到大腦認為流入的血液量回到正常為止。你的循環系統會達到一個新的平衡狀態，血壓會比較低；雖然這基本上算是好事，不過切記，倘若你突然必須要做一些粗活，你的心臟可不會努力工作，因此你會有短暫地暈眩感，視線也可能變得比較模糊。當你的心臟跳動得夠快、夠用力，足以供給身體細胞此時需要的

1　另一個主要原因是，多數太空人會有太空暈眩的現象。

氧氣時，這些效應就會漸漸消退。

營養與消化

消化食物是我們身體在地球上理所當然的活動，起碼在沒有消化不良的時候是如此。消化是個很複雜的過程，從我們吃進食物開始，直到我們排出無法加以利用的部分，會經過許多步驟，歷時好幾個小時。人體經演化適應了地球的重力環境，因此人體的體液平衡、小腸內的菌種，加上我們平時的肢體活動，都有助於消化作用進行。這些因素到了微重力環境都會改變，因此也會影響你進食跟消化食物。

吃飽喝足經常是生活樂趣之一，然而在太空中你卻不得不放棄這種樂趣。因為只要一進入微重力環境，消化系統很可能就會開始出問題。腸道在進入太空的第一天就罷工，是司空見慣的事，這種情況叫做腸阻塞，尚未完全了解原因，不過微重力環境似乎是主因，這會減低你在消化的食物所受的重力、改變食物在腸道裡的正常流動，以及腸道裡的細菌濃度，並減緩驅使食物穿越腸道的肌肉蠕動。你在地球上做完各種外科手術後，可能也會發生這種腸道罷工的情況。

在太空中開始吃東西之前，讓消化道能夠保持基本運作是非常重要的。這段時間內無法消化食物的後果就是你也無法吸收食物的養分；倘若你在腸道罷工時吃東西，有可能會嘔吐，甚至吸入部分嘔吐物，導致窒息。幸好對於訓練有素的觀察員來說，只要聽一聽腸道聲就能判斷你是否有腸阻塞現象，因此在你「自討苦吃」之前，不妨做個檢查，有備無患。消化系統通常會在進入微重力環境48小時之內恢復運作，所以要有點耐心；吃瀉藥加快消化過程並不是個好主意，因為這可能會導致腹瀉，你絕對不會想要在太空裡拉肚子。不過即使你沒有吃固體食物，也一定要喝水。

你在計劃這趟旅途中要吃些什麼時，可供選擇的食物種類很多；光是現在就有400多種太空食物跟飲料。不過你很可能會發現，你在地球上愛吃的食物，到了太空裡嚐起來味如嚼蠟。要是麥當勞上了太空，勢必也得更動一下調味料配方。

你在太空中所需的熱量跟在地球基本上相同；不過即使解決初期的消化問題之後，大多數的太空人仍然吃得比平時少。對於處於長期太空任務的人們來說，吃不夠是特別嚴重的問題，後果不堪設想。太空人喪失食慾一部分是因為食物嚐起來味道變得很平淡，一部分是因為消化的時間變長，因此他們感到飽足的時間也變長了；還有部分原因在於本章前述的體液重新分配，導致他們覺得吃東西一點也稱不上享受。

倘若你按照自己身體的反應，沒有在太空中攝取足夠營養，產生的問題會使你得不償失。營養不足會導致各種疾病跟虛弱感，像是骨質流失、體重流失、肌質流失、維生素與礦物質不足等等，不但會使你無法盡興享受旅程，對你日後回到地球、重新適應生活的過程，也會造成負面影響（我會在第十章提到更多有關重新適應地球生活的事宜）。雖然科學家還在開發各種能讓你保持食慾大開的醫療手段，不過你至少可以做一件事讓吃東西變得更有吸引力：旅程中選些重口味的食物。

過去要在太空中喝咖啡或其他流質都是使用吸管，從密封的彈性包裝裡啜飲。不過液體在微重力環境下的行為相當違反直覺，因此你實際上可以用一款2013年問世的特製太空杯喝飲料；這個杯子可以讓你在喝咖啡的同時聞到咖啡香，讓喝飲料成為更令人滿意的體驗。這個特製杯子的杯口從正上方看呈水滴狀，在水滴尖端有個專門用來吸啜液體的Ｖ字形杯口。我們把飲料輕輕地擠到杯子裡，液體會聚在一起，附著在杯子邊緣；除非你刻意把它分開，不然這些液體就會保持一大塊。記住，在微重力環境裡沒有所謂的「下面」，因此無論你把杯子往哪個方向傾斜，裡頭的液體都不會動。想要在太空中從杯子裡喝到咖啡或其他飲料，祕訣是把嘴唇貼上那個Ｖ字形的開口，然後吸啜；這樣做會像吸塵器一樣，製造出局部真空，讓液體往你口中流動，你就能喝到飲料了。很多在地球上的常識、直覺跟生活經驗，在太空中一點也不管用！

身形變長

　　你若想要長高，太空旅行能助你一臂之力，起碼暫時可以。骨頭會維持你身體的整體形狀，不過骨頭彼此連接的方式有一定的彈性。大致上來說，人體從頭部到臀部是很柔軟的，因為脊椎由33根骨頭構成，其中24根中間被軟骨隔開，由肌肉、韌帶以及肌腱互相連繫（另外九根則是結合在一起）；肌肉可使個別脊椎前後左右旋轉，使你能夠彎腰跟轉身。然而在微重力環境下，你的脊椎並沒有受到重力壓縮，因此由肌肉、韌帶跟肌腱構成的支撐系統便放鬆下來，背部紓壓的結果是，在太空旅程的頭幾天內，伸展幅度可多達五公分。太空人傑瑞・林恩格（Jerry Linenger）就曾回報，他的身高在短短兩天之內，增加超過五公分呢！

　　想要長高還有另一個辦法。今晚你躺在床上時，不妨看一下你的腳朝向哪裡，你會發現你的腳並不像白天站立時那樣，跟雙腿呈垂直延伸，而是跟頭部呈反方向，也就是跟雙腿幾乎平行。在微重力環境之下，你的雙腳會隨時保持朝下；這叫做垂足姿勢，雖然會使你身形變長，但也會導致雙腿肌肉流失。幸好藉由騎飛輪或是跑跑步機，可使你以平常的姿勢使用雙腳，有助於減緩肌肉流失。所有的太空站都配有這類運動器材，這對於維持太空人的健康具有非常顯著的價值；因此未來所有的太空場所，以及把你載往其他星體，或是月球跟火星太空飯店的太空船，都會設置各式運動器材。

太空中的長期生理調適

　　為了明瞭長途太空旅行會對生理造成什麼影響，太空人史考特‧凱利（Scott Kelly）跟米哈伊爾‧庫尼耶科（Mikhail Korniyenko），從2015年3月27日開始，在國際太空站待了將近一年，直到2016年3月1日才返回地球。凱利有個雙胞胎哥哥馬克也曾經飛到國際太空站，不過他待在那裡的時間沒有史考特那麼長。就醫學角度而言，史考特在地球軌道待上一年這件事顯得格外有意思，因為醫師不但可以觀察史考特的身體狀況在這一年內有何變化，而且還能夠比較他跟雙胞胎哥哥在這段期間的生理跟遺傳變化。相關研究目前正在進行中。

微重力下的生理狀況

　　一旦進入微重力環境，你的身體就會開始經歷一些長期調適，例如骨質流失、肌肉萎縮；等你回到地球時，這些變化可能會導致嚴重後果，比方說骨質疏鬆就比較容易骨折。同理，在肌肉萎縮之後，倘若你返回地球，立刻做一些需要出力的粗活，就可能會因此受傷或跌倒。為了減緩這些微重力對生理造成的影響，在太空中適度地運動跟進食是非常重要的。

骨頭

我們之所以能夠維持體型,是因為我們有骨架。在微重力環境下,骨質流失和劣化是個大問題,營養不良則會使這個問題雪上加霜(比方說倘若你沒有攝取足夠的維生素D_3,藉以維持骨骼健康,就會加速骨質流失)。此外,我們之所以能夠運動,是因為肌肉能夠把骨頭當成槓桿跟支點;堅實的骨頭加上肌肉的力量,身體才能夠變換姿勢與位置,同時不會傷到肋骨內部的各種精密器官。

除了支撐身體架構以及運動以外,骨頭還有其他作用。雖然有些骨頭完全由堅硬的材質構成,讓身體能夠維持體態,不過大部分的骨頭中有些空間,灌滿了海綿狀的骨髓,用來製造血液裡各種類型的細胞[1]。骨頭在太空中會產生很明顯的變化,其中有兩大化學物質會流失:一是讓骨頭堅實的磷酸鈣,比方說耳朵前庭器裡的耳石,就是磷酸鈣化合物構成的;二是儲存在骨頭裡,以備身體各處需要時釋出的鈣。骨質疏鬆讓你禍不單行,因為骨頭不但變得更為脆弱,同時也會使身體其他部位得不到需要的鈣化合物。醫生跟科學家研究太空中的骨質流失現象,發現這跟人們在其他星球的體重減輕,以及太空中的失重環境有些關係;在這兩種情況下,身體所需要的支撐結構,都不如在地球上需要的那麼強健。

有趣的是,骨頭變化主要發生在腿骨、骨盆跟下背處,這些部位流失的骨質,比上半身多20倍。全身骨骼系統最脆弱的部位,包括大腿骨(在臀部跟膝蓋之間的長腿骨)的上半部,起初每個月會流失高達1.6%的骨質;骨盆流失1.4%;下脊椎流失1.1%。全身骨質起初每個月平均會流失0.35%,換句話說,在

1 關於骨骼活動力學的研究顯示,這些變軟的區域不會嚴重損害骨骼強度或硬度。幾乎所有固態物體的結構強度,都是位在該物體的外側,如骨骼或樹等等。這就是為什麼一棵樹可能裡頭都爛光了,還能屹立不搖好幾年。

太空中的前幾個月，每隔四天就會流失大約907毫克的骨質，遠比地球上停經女性流失的骨質來得多。

　　幸好這些數字只是初期骨質流失率，你不會到最後化成一灘太空中的爛泥。倘若凱利跟庫尼耶科在太空中待得夠久，便可得知骨質濃度最終能否達到「穩定態」；至於其他執行較短期任務的太空人，任務期間大都處於持續流失骨質的狀態。我們只能以他們的經驗推估，假設你在太空中旅行的時間夠久，骨頭裡的鈣濃度應該會降到一個穩定濃度：比在地球上低許多的濃度。

　　骨質流失的後果極為嚴重。對你而言最危急的，莫過於在旅程中因為意外而骨折，即使是對骨骼施加在地球上能夠承受的力量也會導致危險。換句話說，倘若你在經歷前往火星六個月的旅程後，舉起22公斤的重物，就有可能會骨折，但在地球上卻能夠承受同樣重量的壓力。

　　太空醫學還沒有處理過人類骨折，因此醫生也還沒有機會探討什麼才是在微重力或低重力環境下處理骨折的最佳方式。在太空中的復原速度，通常比在地球上慢很多；在太空中骨折並就地治療，其骨頭可能也會比回到地球治療還要脆弱。你也許會想，那些在太空旅行中骨折的人，為何不多吃一些富含鈣的食物或營養劑，以加速復原過程；這想法乍聽之下很有道理，但實際上可能會越幫越忙。

　　人體極為錯綜複雜，稍微改變就會造成許多其他變化。太空旅人不斷流失鈣質，因此他們的血液跟尿液裡都富含由鈣組成的礦物質。尿液裡含鈣過高叫做高鈣尿症，因此就算你骨折後攝取加倍的鈣，也無法加速復原過程，大部分的鈣還是會被排出體外，並且加劇症狀。高鈣尿症的急性副作用是形成腎結石，不但會讓你痛不欲生，而且經常伴隨噁心跟嘔吐。在地球上，腎結石經常不需要動手術就會自動排出，很難說在太空是否也如此。雖然大量飲水會有幫助，不過在太空並不會有大量的水給你牛飲。

太空醫學社群認為，在太空中流失骨質，會使你回到地球後，老年罹患骨質疏鬆的機率大增。幸好已有許多研究成果讓你免於受到這個看似輕微卻十分危險的病症所擾，或者至少能緩解症狀。不過無論如何，你都應該要有心理準備，太空之旅會增加你骨質疏鬆的風險。

牙齒

牙齒在地球上的腐敗速度相對來說不算快。無論你是因為牙痛還是檢查時發現蛀牙，補牙過程既迅速又無痛，只是很花錢。口中自然增生的細菌會吃掉你牙縫的菜渣，同時分泌會腐蝕牙齒外層的酸，造成蛀牙。理想狀況下，牙齒補充礦物質的速率，跟礦物質從牙齒流失的速率一樣快；一旦情況不是如此就會蛀牙。氟化物療法可以強化牙齒抵抗蛀牙的能力。

然而在太空中蛀牙的風險比較高，因為在微重力環境下，會導致蛀牙的細菌的增生速度，比在地球上快40到50倍。太空人尤里‧羅曼年科（Yuri Romanenko）1978年待在禮砲6號太空站上時，就曾經因蛀牙而神經外露，儘管苦不堪言卻還是得忍耐兩個星期，直到任務結束才得以解脫。除了自然發生的蛀牙以外，任何意外都可能對牙齒造成損傷，像是被微重力環境下的大型飄浮物直擊臉部、自然而然的磨牙，就連吃東西都可能會讓牙齒斷裂。

至於在太空中牙齒出狀況要怎麼處理，人們可說是煞費苦心。關於身處在太空中或是潛水艇之類的長期孤立環境，該採取什麼樣的預防性或復原性措施來處理可能發生的牙齒問題，相關研究一直在進行。這些措施的目的是緩解牙痛，預防二度感染，並且保護牙齒，直到返回地球，再接受專業牙醫師治療。

肌肉

隨著骨頭張力流失，連結骨骼的肌肉會跟著萎縮，其他骨骼肌類型也會產生轉變。前者很容易理解，簡單說就是「用進廢退」：一般進入微重力環境五天內，肌肉組織就會開始萎縮。

後者則需要稍加解說。你的身體有各種肌肉類型，其中一種叫做慢縮肌或是紅肌，這種肌肉富含血液，能夠長時間供給能量，因此抵抗疲勞的能力較強。慢縮肌的能量大多儲存在腺苷三磷酸（ATP）分子中，讓你能夠長途跑步、騎單車、游泳等等有氧活動。當在太空中，慢縮肌處於閒置狀態，經常會開始發痛，導致許多太空旅客背痛。

另外一種叫做快縮肌或白肌的肌肉，既沒有儲存大量能量，也無法迅速供給自身能量。快縮肌會在你衝刺或舉起重物等等需要短期爆發力的活動時提供力量。研究發現，太空人的紅肌組織在微重力環境下會轉換成白肌組織，因此倘若你在旅程中疏於調節，到了其他星球之後，你會發現無論是走路、攀爬還是跑步，耐力都比在地球上差。雖然白肌組織會增加，但是它讓你能夠舉重的正面效益也會隨著整體肌肉質量流失而打了折扣。

營養不良可能是造成肌肉萎縮的原因之一。目前仍在研究如何解決這個問題，並且了解各種維持肌肉的醫療方式有哪些效益。既然已知人在太空中會流失有氧（耐力）運動會用到的肌肉，你可能會認為踩飛輪、划船、騎單車等等有氧運動有助於維持紅肌質量。然而到目前為止的太空實驗證明，使用這些設備對於維持肌肉的效果很普通，並未明顯減緩肌肉萎縮。

　　既然談到了肌肉，要是你或是他人因此變成斜視，也不要感到太意外。這種「不良共軛凝視」（dysconjugate gaze）的情況，即使回到地球，可能還會持續一段時日。

藥物

　　太空藥物研發如今已是需要全力發展的領域。隨著上述那些人體在太空中會發生的生理變化，人體對藥物的反應也會跟著改變。太空的微重力環境會改變藥物吸收速率，因此你在太空中服用的藥物劑量都必須重新評估。這只是方興未艾的太空醫學領域所涵蓋的眾多議題之一。在藥局及醫院裡的處方藥物種類如此繁多，然而在你之前的太空人，相對來說寥寥無幾，因此關於你帶上太空的藥物，很有可能根本沒人清楚它們的微重力劑量該是多少。你只好把自己對這些藥物的反應想成是對人體用藥知識的貢獻；在你之後上太空的人們，對於應該服用的劑量就會更有概念。

　　許多藥物在太空中失效的速度遠比在地球上來得迅速；換句話說，到了太空中，藥物很可能在有效期限前就已經失效了。這使得調整劑量這件事在太空中變得更為複雜。藥物會迅速過期最有可能的原因是，它們暴露於輻射之下，化學成分因而產生變化，不過這點還有待確認。我們在第一章討論過太空輻射，它通常會被地球大氣層阻隔在外而無法到達地球表面。由於每種藥物的化學成分都是為了對人體造成某種效果而特製的，因此只要其化學成分改變，就會減損藥效。我們最起碼需要重新規劃劑量，才能確保藥物在太空中的療效。這是未來太空醫學肯定會蓬勃發展的諸多領域之一。

光照、晝夜節律及其他生理時鐘

人體受到體內的「生理時鐘」控制。比方說大腦可產生腦波，隨著其振動頻率不同，大腦可藉此規劃與調節接下來要做什麼。這些腦波分別稱為 α 波、β 波、γ 波、δ 波以及 θ 波，振動頻率通常介於每秒數百下到十下（10赫茲）之間。我們有許多生理活動，例如何時醒來、何時睡覺、新陳代謝、體溫變化等等都叫做晝夜節律；這些活動受到人體的生理時鐘調節。生理時鐘位於大腦裡的視上交叉核，大約每24小時為一循環，負責調節你何時要睡覺、何時覺得餓，以及其他相對長期的活動。

為了使我們能夠適應地球一天為24小時的節奏，生理時鐘每天都會重設；依照我們接收到的光量變化來調節是最有效率的方式。比方說利用清晨的陽光就可以重設位在視神經旁邊的生理時鐘，使大腦停止分泌褪黑激素等等會誘導睡意的化學物質。想要在太陽沒露臉的時候起床經常很困難，因為身體並沒有獲得足以重置生理時鐘的光線量。倘若你的光暗（日夜）循環並非24小時，每天早晨就無法重新讓生理時鐘對時，導致嚴重的生理跟心理問題。

每天重設生理時鐘非常重要。在潛水艇、船員無法照到外界自然光的水上船隻、北極圈以北跟南極圈以南（一年當中這些地區會有好幾天甚至好幾個月的永晝或永夜），這些光照跟氣候循環特殊的環境，就需要利用人工光線跟氣候循環控制來重設生理時鐘。

　　除了火星表面以外，太空中任何地方的時間循環跟地球一天24小時的循環，根本是南轅北轍（表7.1）。舉例來說，低地軌道的日夜循環大約是90分鐘；在這段時間內，你會經歷45分鐘的日照，太空船因此承受酷熱；接著是45分鐘的黑暗壟罩、太空船必須承受酷寒（儘管船外溫度每隔45分鐘就劇烈變化，船內溫度仍受到妥善控制）。倘若你必須在光暗循環如此短暫的環境裡活動跟睡覺，既沒辦法好好工作，也無法享受生活。因此在低地軌道上的生活會受到太空船或太空站上的人工光照循環主動調節。

　　星際太空也欠缺自然的日夜循環。從太空船望出去，四周永遠都是一片漆黑，因為太空中的氣體實在太少，無法像地球大氣層一樣散射太陽光。除了火星以外，無論你造訪的是哪個

表7.1：鄰近星體的日夜循環

星體	日夜循環長度
月球	29.5個地球日
火星	24小時40分鐘
火衛一	7小時39分鐘
火衛二	30小時20分鐘
一般彗星	數小時
愛神小行星	5小時16分鐘
低地軌道	90分鐘

星體，因為其上並沒有大氣層能夠散射陽光，即使太陽「升起」，也不會有一片明亮的天空，無法提供你在地球上體驗到的日照感，星體也就不會像地球天空那樣發光。因此對人類來說，在火星以外星體上的棲息地，必須人為調控成習以為常的24小時光照循環。即使遠離地月系統，在太空船內也須實施同樣時數的光照與溫度循環。

睡眠干擾

研究太空醫學的醫師跟心理學家已從曾進入太空的人們身上收集到數量充足的報告，發現他們就如同前往南極或生活在潛水艇上的人們一樣，經常抱怨睡眠受到干擾以及喪失時間感。現在讓我們來探討非常重要的睡眠問題。

噪音

噪音跟震動經常會壞了你一夜好眠。噪音的定義是，就你的觀點看來，除了音量、音調及持續時間外，沒什麼資訊的聲音。你可以藉由火箭底部隆隆作響的聲音、加速度的感覺，判定太空船的速度正在改變；除此之外，火箭隆隆聲通常有點惱人。不過有意思的是，一般被認為是噪音的聲音，有時倒是大受歡迎：想像一下你在前往月球的途中，機組員告知火箭點燃出了問題，太空船的飛行速度會變慢，因此得先進入月球軌道。若能在適當的時候聽到引擎隆隆作響的低吼聲，當下整個宇宙不會有更值得你開心的事了，簡直就是「天籟之音」！

可用多種方式判斷你聽到的聲音是否為噪音．

- 音頻或音調（例如高聲尖叫，或是深沉的低吼）。
- 音量。
- 連續的或斷斷續續的。
- 是否預期會發生。
- 是否有必要發出聲音。
- 是否與維生活動有關。
- 是否大家都認為那是噪音。

　　最後一項是人們的主觀感覺。比方說同樣的音樂有人覺得好聽，有人卻覺得難聽；對於不喜歡的人來說，難聽的音樂就是「噪音」。

　　聲音對我們的生活非常重要，我們量化聲音強度的單位是分貝（db）。分貝是一種衡量聲音能量通過某一點的測度；不過對我們來說，只需要知道某些分貝值即可（表7.2）。

　　極大噪音會造成什麼後果？你若距離起飛升空的火箭15公尺遠，聽到的聲音會超過200分貝；如表中所示，這個音量足以致命。長期暴露在60分貝以上的環境，會損害聽力；持續聆

表7.2：不同的噪音的音量

響度（分貝）	該音量的噪音例子或效果
20	悄悄話
60	餐廳裡的一般噪音
80	站在繁忙州際公路的高架橋上
140	導致生理疼痛
200	致死

聽85分貝以上的噪音，絕對會導致聽力受損。一般睡眠環境建議不要超過35分貝，太空船上的空間則建議不要超過50分貝，但國際太空站上的噪音往往不只如此。為了抵銷持續性噪音的影響，生活在太空站上的人們經常會戴耳塞或降噪耳機，這樣做可有效減低噪音造成的生理跟精神壓力。前蘇聯的和平號太空站就是因為太嘈雜，使得某些在太空站上待了好幾個月的太空人，蒙受永久性聽力損傷。

　　噪音經常令人分神，會嚴重影響生活品質。人們在嘈雜環境下的工作表現經常較安靜環境下的表現差。噪音也會使人們更容易疲倦，從而降低工作效率、耐力並影響心情。倘若睡眠環境很吵，睡眠的長度跟品質都會變差。除此之外，噪音當然也會讓你無法聽清楚他人的指示，若在太空中進行攸關生死的活動時，這可能會導致嚴重後果。

　　即使火箭沒有點燃，你也會在太空船滑行時（在你的太空旅程中，大多數時候大概都是如此），聽到各式各樣的噪音。舉凡風扇聲、幫浦聲、引擎聲、水管聲、人們的移動跟交談聲、變壓器等電子裝置的嗡嗡聲、電磁閥門的開關聲、甚至耳機漏音等等，這些都算噪音。

　　要減低這些背景噪音的效應，有個辦法是降低機艙的氣壓；氣壓越低，聲音就越難傳遞。問題是低氣壓也會讓別人很難聽到你說話，因此你就得大聲說話，但要是話說太多，免不了口乾舌燥、喉嚨發痛。另一個降低噪音影響生理跟心理的辦法，是戴上軟式耳塞或降噪耳機，這兩種東西現在很常見，帶上飛機也很方便。在太空中使用這些基本降噪技術的麻煩在於，你會更形孤立；我們將在第八章探討心理問題，到時候你就知道這並不是件好事。幸好我們可以使用配有麥克風的無線降噪耳機，輕鬆自在地與他人交談。

振動

噪音可以定義為耳朵偵測到、但你不想要的空氣振動；同理，當你身在太空時，你也不會希望周遭環境的固體或液體產生你不想要的振動。就聲音來說，振動有以下各種面向：

- 頻率。
- 強度。
- 持續期間。
- 連續的、斷斷續續但可預期的，或是不定時發生。
- 方向：上下、扭曲旋轉，或是不定。

太空船從地球升空時會振動得相當劇烈，這應該是你在太空中感覺到最強烈的振動。然而即使關掉火箭引擎，仍然有很多會同時製造出振動跟噪音的來源。

不同頻率的振動，對我們的影響也不同。有些振動頻率會讓你覺得皮膚在振動，有些頻率比較低的振動則會讓你覺得體內在振動（表7.3）。

振動傳導到體內會對人產生功能性以及生理問題，功能性問題會影響各種人體活動（表7.4）。

這些問題也會影響心智跟身體的互動狀況，若是加上振動所導致的各種生理不適，情況就會更形惡化（表7.5）。

當你在微重力環境下落地，並且感受到周遭環境的振動

表7.3：振動頻率及其影響的身體部位

身體部位	共振頻率 （赫茲，也就是每秒的循環次數）
全身僵直站立	6 & 11-12
全身放鬆站立	4-5
全身（橫躺）	2
全身（坐姿）	5-6
頭部	20-30
頭部（坐姿）	2-8
眼球	40-60
耳膜	1,000
頭肩（站立）	5 & 12
頭肩（坐姿）	4-5
肩頭，橫向肋骨	2-3
主軀幹	3-5
肩部（站姿）	4-6
肩部（坐姿）	4
肢體動作	3-4
手部	1-3
胸部	3-5
胸壁	60
前胸	7-11
脊柱	8
腹部腫塊	4-8
腹壁	5-8
腹腔內臟	3-3.5
骨盆區域（半仰臥姿）	8
臀部（站姿）	4
臀部（坐姿）	2-8
腳部（坐姿）	>10

NASA Man-Systems Integration Standards Figure 5.5.2.3.1-1

表7.4：各種振動頻率會影響的活動

受到振動影響的活動	振動頻率範圍（赫茲）
平衡感	30-300
觸覺	30-300
說話	1-20
頭部運動	6-8
閱讀（文字）	1-50
追蹤	1-30
誤判（儀器讀數）	5.6-11.2
手動追蹤	3-8
深度認知	25-40, 60-40
手握操縱桿	200-400
視覺工作	9-50

NASA Man-Systems Integration Standards Figure 5.5.2.3.2-1

時，這些潛在的擾人情況就很有可能出現。只要盡可能自由飄浮在半空中，就能把振動造成的危害與不適感降到最低。

睡眠障礙與作夢

　　在太空中睡得好這件事絕對和在地球上一樣重要。我們已經探討過，一離開地球，你的身體與心智會經歷什麼樣的生理變化；要是睡不好，想要適應這些生理變化就會變得更加困難，在需要隨時保持警覺的環境裡，反應也會比較遲鈍。大腦在睡眠時會自我修補並重設，因此在太空中，當日夜交替等主要循環超出晝夜節律能夠重設的範圍時，你就會開始為此受苦。這時你既無法擁有深沉睡眠，睡眠五個階段所占時間比例

表7.5：各種頻率振動所造成的生理問題

症狀	振動頻率範圍（赫茲）
動暈症	0.1-0.63
腹痛	3-10
胸痛	3-9
身體不適	1-50
骨骼或肌肉不適	3-8
頭痛	13-20
下顎症狀（咬牙切齒、打哆嗦）	6-8
影響說話	13-20
「骨鯁在喉」	12-16
想尿尿	10-18
影響呼吸	4-8
肌肉收縮	4-9
睪丸痛	10
呼吸困難	1-4

也不對，就連做美夢的時間長短都會受影響。

　　隨著太空旅客大腦的其他部分產生變化，特別是下視丘以及腦下垂體，睡眠問題會更形嚴重。這些區域之間存在一種複雜的化學反饋機制，藉由分泌人類生長荷爾蒙等作用，促進孩童正常發育；然而在微重力環境下，這個內分泌系統經常會出現化學不平衡的現象，導致人類生長荷爾蒙重新分泌，讓大腦內產生一連串的化學衰退變化，從而影響睡眠。這也會使人們無論是生理上還是心理上都感覺「很低潮」，影響他們做出健全判斷的能力，使他們在面對壓力時產生反常的行為。

　　睡眠障礙是太空中最常聽到的症狀。除非服用藥物，否則太空人通常「每天」都比生理所需少睡兩個小時。由於擁有足夠的高品質睡眠時間非常重要，大約有75％的太空人服用安眠藥丸，服用量約是現今太空用藥總量的45％；然而這些藥物在增進睡眠深度與長度，以及減輕副作用等方面，效果都不是完全令人滿意。最新核准使用的藥物也許能解決這些麻煩。

　　睡眠循環一旦被打亂，結果通常是睡太少。人們一般會服用咖啡因之類的東西來提神，然而不幸的是，這樣做卻會使得已經出現的各種認知問題變得更加嚴重。你會變得更為暴躁、更不講理、更無法好好推論思考；這些問題在太空旅行中，絕對會導致極為嚴重的後果。

　　除了必須解決本身的睡眠障礙以外，你可能還會被其他人影響睡眠，或是不小心干擾到他人睡眠。要是有人做惡夢、尖叫著醒來，或是失眠的人在其他人試著入眠時保持活動，都有可能會吵醒其他人。在地球上會打鼾的人，到了太空也一樣會打鼾。隨著人們越來越了解在太空中睡眠有何不同，日後應該會出現更多能確保睡眠品質的方法。

暴露於太空輻射之下

　　位於地球大氣層上方的太空，滿是有害的電磁輻射。這些輻射的能量都很高，如紫外線、X光、伽瑪射線光子等足以直接損害DNA以及其他生物組織。雖然太空載具可提供某種程度的保護，然而你在太空中暴露於這些光子之下的程度，仍然比在地球上來得高。尤其是當你在另一個星體上行走時，畢竟一般太空裝能夠提供的保護比太空船以及太空住所來得少。

宇宙射線

　　由於太空中瀰漫宇宙射線高速原子，高能光子所能造成的損害因而變得更加嚴重。宇宙射線是在1912年首度由澳洲物理學家維克托・赫斯（Victor Hess，1883-1964）發現，然後在1926年由美國物理學家羅伯特・密立根（Robert A. Millikan，1868-1953）命名為宇宙射線；當時他們還不知道宇宙射線其實是粒子。宇宙射線來自太陽系之外，因此經常被稱為「銀河宇宙射線」，不過有時候連物理系學生都容易因「射線」這個不恰當的稱謂感到混淆不清。觀測結果顯示，銀河宇宙射線有85%是質子、14%是氦原子核（又稱 α 粒子），剩下1%則是由所有其他自然形成的原子核以及電子構成。

　　宇宙射線的能量多寡，以及它對宇宙裡的其他事物會產生什麼效應，取決於其速度及質量。一個物體移動時所帶的能量稱為動能，然而原子、離子跟電子並非為撞球那樣的固態，也無法撞開接觸到的粒子。銀河宇宙射線跟光子一樣，同時具有粒子跟波的性質，這使得交互作用更形複雜。

　　來自太陽系外的宇宙射線，是鄰近地球的太空裡，最強大的穿越物。恆星閃耀時、爆炸時、互相撞擊時，以及中子星跟黑洞這類恆星相撞的殘留物（還有其他有待確認的來源），都會產生宇宙射線。這些「射線」通常比太陽不斷發射的太陽風粒子強多了，因此我們不把太陽風粒子視為宇宙射線。然而太陽確實也會發出另外一波波帶有能量的粒子，這些格外強大且危險的粒子則被歸類為宇宙射線。地球磁場會捕捉太陽風以及某些太陽宇宙射線，有時這些粒子會穿過地球磁場，導致空氣發光，也就是所謂極光，這種現象在兩極地區特別明顯。

　　大多數的銀河宇宙射線能量實在太強，足以穿越范艾倫輻射帶；幸好地球的大氣層除了能量最強的宇宙射線以外都能隔絕，因此其它輻射線都不會到達地球表面。宇宙射線撞上大氣時，會導致氣體裂解成較小的粒子，並且高速往地球移動；這些粒子幾乎全部會馬上跟空氣中的其他粒子相撞，造成一連串的粒子相撞反應。能量就這樣從太空中的高能粒子（正式名稱為初級宇宙射線）轉移到大氣中的粒子，製造出一陣陣的次級宇宙射線（圖7.1）。這個過程經常會持續發生，直到某些粒子撞上地球或是地球上的物體為止，當然也包括人類[2]。由於粒子每次相撞都會使得來襲粒子失去一些動能，因此到達地球表面

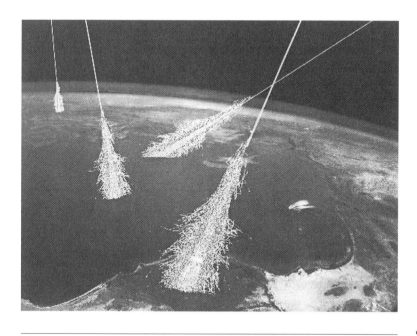

圖7.1：四股宇宙射線來襲的示意圖。來自太空的高能宇宙射線，會導致空氣中一連串的粒子往下移動，與其他粒子相撞。

Simon Swordy（U. Chicago）/NASA

的次級宇宙射線，其能量跟始作俑者——初級宇宙射線比起來低許多。

這些高能粒子對於太空生活會造成什麼影響？它們威力強大，足以穿透國際太空站、太空船，或是太空棲息地數公分厚的防護遮罩[3]。當你在太空載具裡或是太空漫步時，每秒會有5,000多個這樣的高能粒子穿透身體，它們大多數會損害經過的細胞。比起質量最小的氫原子核跟電子，最巨大的宇宙射線粒子如鐵跟鎳等等，所造成的損害更大：銀河宇宙射線速度最快的鐵原子核，其破壞力就像是以時速100公里擲出的棒球。這些衝擊都會損傷細胞，導致細胞死亡或受損，而身體就得試著修補或替換這些細胞。新研究指出，太空人若是暴露在銀河宇宙射線之下時間過長，就會增加罹患失智症的風險[4]。

輻射對不同部位的影響

人類暴露在危險輻射量之下（包括身處在大氣層高處或是太空中所承受的初級宇宙射線在內）只有短短一個多世紀。暴露於嚴重輻射量之下的人數，相對來說算是少數：除了太空人以外，還有暴露於核爆的人（無論和平時期或戰爭期間）、與核能燃料有關的核能意外、提煉放射性礦石的作業人員、車諾比跟福島核災的受災民眾，以及在實驗室裡承受的輻射（尤其是在科學家明瞭放射性物質會造成什麼危害之前）。因此無論是科學界還是醫學界，都不算完全了解輻射對人類的影響。

不過我們已經確知，人體各個系統與器官對於來自於地球或太空的輻射，其敏感度有所差別。以下是人體十大最敏感的器官或系統（依序遞減）：

2 我在大四那年做了一個「宇宙射線實驗室」，看到宇宙射線穿越我眼前的雲室。當我發現其他的宇宙射線也在穿越我的身體時，心裡感覺毛毛的。

1. 造血器官，包括淋巴結、胸腺、脾臟以及骨髓。
2. 生殖器官。
3. 消化器官。
4. 循環系統。
5. 皮膚。
6. 骨骼。
7. 呼吸系統。
8. 泌尿系統。
9. 肌肉與結締組織。
10. 神經系統。

　　有趣的是，包括大腦、脊髓以及末梢神經的神經系統，雖然可能是全身最複雜的系統，但是它們對於輻射反而比較不敏感。部分原因在於，相對於其他系統來說，神經系統裡的細胞分裂與替代頻率較低（至少就成人而言是如此），因此當輻射穿透身體時，神經系統較少處於細胞再生循環時最脆弱的轉變階段。由於青少年的神經系統轉變遠比成人多，因此兒童對於太空輻射的反應，可能比大人敏感。

　　人體在短期內承受高劑量輻射會出現的前十大症狀：

1. 皮膚紅斑。
2. 疲勞。
3. 腹瀉（腸壁和胃壁崩解所致）。
4. 噁心。
5. 嘔吐。

3　這層遮罩通常是由層層塑膠製成，受到大氣裡的原子等等粒子侵襲之後就會裂
　解。有人提議用一層液態水包覆太空船，這也能吸收宇宙射線，並產生次級宇
　宙射線。這些水也能夠先給人飲用，再回收，放到船殼裡當遮罩。
4　http://www.nature.com/articles/srep34774

6. 皮膚起膿胞。

7. 脫水。

8. 掉髮。

9. 精子或卵細胞受損。

10. 死亡。

暴露在輻射之下不一定會出現上述所有症狀；不同人暴露在相同輻射劑量之下所產生的反應也不一定相同。症狀的嚴重程度通常取決於暴露時間長度與輻射強度，就如你所想像，劑量越高，這些效應也就越快發生。倘若你經歷一場嚴重的輻射事故，當下的輻射雖未讓你立即致命，但若身體沒有立刻修補損傷或替換掉突變的遺傳物質（無意中產生的變化），其長期影響可能會在數年或數十年之後，出現在你或後代身上。以下是暴露於嚴重輻射可能會延遲出現的反應：

- 頭髮變白。
- 白內障。
- 20 多種不同類型的癌症（惡性腫瘤）。
- 長出良性腫瘤。
- 生殖器官受損。
- 性器官暴露於太空輻射下，生出來的後代也會受到損傷。

太空裡的撞擊

我們已知每當輻射以光子、基本粒子及電子等形式撞擊個別原子或一小群原子時，都會造成損傷。撞擊的物體倘若大於塵埃，那麼所產生的效應就會有較宏觀的規模。倘若要你選一個詞彙來總結整段太陽系的歷史，當屬「碰撞」。打從太陽系從一小片氣體及塵埃組成的星際雲開始向外合併其他氣體跟塵埃的那一刻起，迄今已發生過無數次碰撞。原子碰撞成為分子、分子碰撞形成一片片塵埃，然後這些塵埃再開始彼此碰撞、越變越大。倘若這些物體移動得太快就會彼此粉碎；但是倘若碰撞的速度較慢，就會黏在一起。經過大約一億年之後，氣體跟塵埃雲就會合併成數個大型星體，形成太陽、行星、衛星以及較大的小行星。太陽系還留有成億上兆的小型殘存碎屑，這些碎屑是太空旅行潛在的威脅。

　　你也許會驚訝地發現，太空裡的殘屑至今仍然不斷飛入地球大氣層。不過這些小型太空殘屑（小到僅塵埃或鵝卵石的大小）進入大氣層時會受熱並蒸發，因此我們在地面上相當安全。比較大塊的殘屑墜入大氣層時，部分質量也會蒸發，不過它們較有可能落地，造成損害或傷亡。落到地球上的太空碎屑叫做隕石，我們都聽過許多人、動物，以及建築物被隕石擊中的故事；雖然有些故事確有相關記載，不過大多只是鄉野軼事。

在低地軌道遭受撞擊

　　在低地軌道上的太空船，被自然形成或人為的太空碎屑撞擊，這樣的事件屢見不鮮。當我們抵達國際太空站所在的高度時，也就失去了地球大氣層的保護。太空裡某些能量最低的粒子只要有帶電荷（通常是失去電子），就可以被范艾倫帶反射；但是磁場無法反射任何電中性粒子，范艾倫帶的磁場也不夠強，無法明顯反射掉質量較大或比鵝卵石還要大的太空碎屑。
因此太空碎屑會侵襲任何位於地球軌道上的人造設備：返回或
墜落地球的太空船跟太空站表面，常布滿坑坑巴巴的撞擊坑。
這些東西原本表面都很光滑，然而在太空中待不到10年，就有
如月球表面般滿目瘡痍（圖7.2）。

　　除此之外，人類也會製造太空碎屑，其中有些同樣會撞擊
位於低地軌道上的太空船。這類殘屑包括固態火箭推進引擎點
燃時形成的粒子、人類廢棄物、從太空船上剝落的漆塊、被流
星體或其他人類太空碎屑撞碎的太陽能電池玻璃等等。

　　幸好我們有雷達科技可追蹤低地軌道上任何直徑超過0.25
公分的物體，因而能夠高枕無憂。若太空碎屑往可移動的太空
船飛去，太空船可以自行移開，避免產生碰撞。雖然跟這些較
大型的碎塊碰撞的情況很罕見，然而據估計，軌道上仍有一億
片以上的碎屑，其體積微小到目前尚無法追蹤；由於它們為數
眾多，因此較可能會擊中太空船。預估軌道上有50萬片左右、直徑超過一公分的碎屑，總質量達2,000公噸。各式各樣的太空碎屑會把太空船跟太空站撞得滿目瘡痍。儘管可以藉由操作太空梭的軌道器，閃避來襲的衝撞物，然而

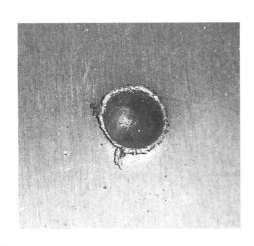

圖7.2：NASA長期暴露設施上的撞擊坑，此設施於1984年到1990年環繞地球。
NASA Langley Research Center

每八艘太空梭裡就有一艘因為受到無法追蹤的碎屑撞擊,而在飛行過後必須更換受損的機艙窗戶。

　　即使是微小的太空碎屑也足以造成損傷。雖然在低地軌道上,絕大多數侵襲太空船的天然與人造碎屑,直徑都不到一公釐,然而這些碎屑的移動速度極快,高達時速1.77萬至25萬公里,足以打穿太空船和其他設備(圖7.3)。流星體一般會以時速6.9萬公里的相對速度撞擊太空船,人造太空碎屑的相對速度則通常是一半。了解這樣的衝擊速度會造成什麼危險十分重要,因此科學家如今在地球上的實驗室模擬這些狀況,分析碎屑撞擊太空船時的情形。

　　太空旅客必須要知悉碎屑撞擊地表、載具或是太空裝的損

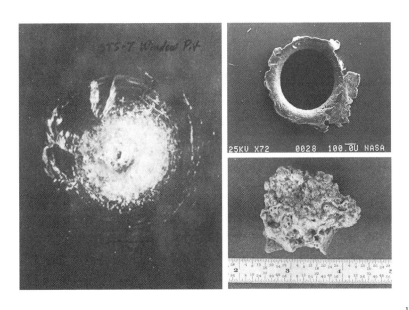

圖7.3左:1983年太空碎屑在挑戰者號太空梭的窗戶上留下的撞擊痕跡。
右上:繞地殘屑撞擊「太陽極大期任務衛星」(Solar Max Mission)產生的洞。
右下:固態火箭引擎噴出的氧化鋁。

NASA

傷，如此才會知道碰上這些狀況時，該如何做出最佳因應措施。侵襲低地軌道物體的微型流星體會製造兩種撞擊坑。第一種是圓形撞擊坑（圖7.2和圖7.3右上），當撞擊能量大到足以使撞擊表面蒸發，並且朝所有方向均衡爆炸時，就會形成這種撞擊坑；換句話說，倘若撞擊夠強大，無論來襲的殘屑以什麼角度撞上表面，都會形成圓形坑。這種情況格外危險，因為被擊中物體的表面會穿孔，導致其內部的空氣外洩。

第二種撞擊坑是長型的，當來襲碎屑以某種角度（不是垂直撞擊）慢速撞上目標而形成。碎屑跟被撞擊目標的物質大多會往前濺開，就像是你以某個角度打水漂一樣。來襲碎屑不一定會蒸發掉，可能會埋在撞擊處，或是從該處彈開。不過就算是這種類型的撞擊也能夠穿透單薄的表面，只不過穿透頻率不像比較強力的撞擊物那樣頻繁罷了。

即使只是一顆鵝卵石大小的流星體撞上太空船或太空裝，後果都非常嚴重，因此科學家研究許多太空人拜訪過的太空船，或是等到太空船返回地球後，再檢視它們受到撞擊的影響。長期暴露設施（LDEF）是一艘專門為此設計的太空船，於1984年至1990年間環繞地球，用以收集撞擊資料。科學家用掃描式電子顯微鏡仔細研究LDEF的表面，發現了數百萬個撞擊坑。另外一個設計用來研究撞擊效應的人造衛星在1992年到1993年環繞地球將近一年，最後在它140平方公尺表面上發現超過1,000個撞擊坑，最大直徑達三分之二公分，最小直徑約0.1公分。幸運的是，兩者在執行任務期間都維持正常運作。

若被流星體或太空碎屑撞穿外壁，而導致內部空氣流失到太空，這種情況非常危險，因此國際太空站在關鍵區域部署了

200多個保護性裝置，稱為惠普屏蔽（Whipple shield）。惠普屏蔽由數層材質製成，每層間隔1到10公分不等，運作原理為：來襲物體先撞擊屏蔽外層，粉碎成許多較小的碎塊（其中夾帶些許外層碎屑），然後這些較小的殘屑，就會穿透一連串堅硬材質製成的隔層，比方說用來製作防彈背心的克維拉纖維，就是屏蔽裡層之一。等到碎屑穿透到中間的隔層時，已經變小很多；因此當它抵達最內層時，已失去大部分的能量而彈開，最內層便毫髮無損。當然，三不五時就得更換這層屏蔽。此外，所有搭載人類的太空船都配有感應器，可偵測太空船被打穿時空氣外洩；而所有的太空人都經過特別訓練，知道如何因應這種緊急狀況。

月球上的撞擊

　　所有你可能會前往的其他星體，包括火星、各個衛星，以及小行星在內，其上的撞擊坑幾乎都是圓形的[5]。太陽系裡各個天然星體上頭的撞擊坑就如同低地軌道物體上的圓形撞擊坑一樣，都是因為撞擊力道非常強大，使得被撞擊星體表面爆炸所致。好消息是，我們從地球上觀測以及在太空船上所見，太陽系裡各個星體的撞擊坑，絕大多數都是30億年前產生的。不過裡頭不乏最近才出現的撞擊坑！

　　有數種方法可偵測月球現在是否受到撞擊。1960到1970年代的方法是，利用極快速撞擊發生時造成地面搖動的現象。倘若月球地面由於內部運動造成位移，就像地球在發生地震一樣會產生搖動。（地質學家用非常靈敏的振動感應器〔地震儀〕來偵測地震）。

5　就如同地球上的撞擊坑一樣。

　　為了研究月球是否也有月震，太空人在阿波羅11、12、14、15及16號任務中，將地震儀置放於月球表面，其中三具確實偵測到月球表面有動靜。地質學家測量每具偵測器的振動數據之後，大致確認振動源頭：有些來自月球內部，有些則是流星體撞上月球表面所致。地震儀通常每年會偵測到大約170次流星體撞擊事件，倘若把這些流星體拿到地球上秤重，重量從數公克到5,000公斤不等。阿波羅任務設置的地震儀測得的平均數目，遠低於每年實際上撞擊月球的流星體總數。因為多數撞上月球表面的殘屑質量遠低於早期地震儀所能偵測的下限。NASA為了節省經費，在1977年9月關閉了月球地震儀。

　　第二種偵測月球上撞擊事件的方法，是觀測流星體發出的光。早在12世紀時就有人聲稱看到月球表面上發出閃光，但直到1999年，世界各地的觀測者在不同地點進行系統性的即時觀測，才藉由月球表面發出的閃光，證實個別發生的撞擊事件。自此之後，觀測者又有好幾次同時觀測到月球的撞擊閃光。

　　至今要證實月球上發生撞擊事件仍是一大挑戰。由於撞擊閃光一閃即逝，又很難取得寶貴的望遠鏡觀測時段，因此不同單位若同時觀測到月球撞擊閃光，這樣的機會相當罕見。那麼我們如何得知要在什麼時候觀測，才會提升成功機率呢？答案就是蒼穹上的美麗過客：彗星。如同第一章所探討，每當彗星繞行接近太陽時，上頭有些冰就會蒸發，順勢帶離一部分彗核形成時，與冰混在一起的岩質；雖然氣體會飄出太陽系之外，然而大小超過小型鵝卵石的碎屑卻會跟彗核留在同樣的軌道上。經過太陽附近大約數百次之後，彗星就只剩下這些岩質殘屑，最終散布在整個軌道上。

　　每當地球跟月球切過彗星路徑時，會一頭栽進彗星遺留在軌道上的某些固態殘屑裡；成千上萬的岩質殘屑受到重力曳引，會被拉向地球跟月球。太空殘屑在穿越地球大氣層時受到空氣摩擦而蒸發，就會形成流星；我們看到的是殘屑遺留下來的塵埃痕跡。當星空的某個區域有大量流星時（也就是地球飛向彗星殘屑的所在位置），就會形成流星雨，因此可以預測什麼時候會出現流星雨，只是比較抓不準每小時會有多少顆流星。有些彗星殘屑則會襲擊月球，天文學家只要利用相關資訊，在流星雨期間觀測月球表面，同樣能偵測到如圖7.4所示的撞擊事件。

　　第三個偵測月球撞擊事件的辦法是觀測流星體發散的氣

圖7.4：標示點是1999年11月獅子座流星雨期間，月球上發生撞擊的地點。流星體以時速約26萬公里撞擊月球，這些物體在地球上的重量介於一到九公斤。

NASA

體。從來襲星體轉移到月球上的能量十分巨大，大多數的來襲星體會連同擊中的月球表面區域一併蒸發。這些蒸發的氣體不是落回月球表面，就是飄入太空；不過當這些氣體還在月球表面上方時，會形成一層非常稀薄的大氣。令人驚奇的是，我們現有科技能夠從環繞月球的太空船，偵測到這層稀薄的月球大氣。當月球被流星雨的殘屑擊中時，構成這層稀薄月球大氣的主要成分之一：鈉蒸氣，其含量會改變。

即使地球並未接近死掉彗星的軌道，每晚仍然可看到流星出現在天際；這些流星是隨機進入地球大氣層的殘屑，不過比起流星雨期間，頻率可就低多了。根據這些觀察結果，當你造訪月球時，理應會遭遇低質量星體撞擊；不過大致上來說，不要在地球穿越彗星殘屑時前往太空，會比較安全。

等到人類得以在月球上建立棲息地時，用來偵測流星的雷達科技可能已經足以提供危險殘屑撞擊預測的必要資訊。當你早晨在月球上起床，打開「月球網」，查看今日氣象預報時，最想知道的當然是太陽輻射程度（相當於在地球上查詢今天有多熱），不過你也會想知道今天發生撞擊事件的頻率有多少。這兩個數據都跟你今天能夠安全進行哪些活動有關。

星際太空裡的撞擊

在離開地月系統之後，你會進入星際太空。這將占據你太空之旅絕大多數的時間，然而此時能夠保護你免於碎屑撞擊的，就只有太空船設計師打造船體所用的材質而已。你搭乘的太空船主要會暴露在小型太空碎屑之下，也就是流星體的撞擊；有數十億個流星體以隨機軌道環繞太陽運行。

　　人類所到之處都會留下碎屑。在你之前的太空船可能已噴出一些廢棄物。幸好對於要前往任何地月系統以外星體的太空船來說，它們採行的路徑都不一樣，因此你的太空船路徑上，應該不會出現任何前人亂倒的人造太空碎屑。星際太空裡的人造太空碎屑並不會撞擊現今地球軌道上的太空船。

火星上的撞擊

　　就平均面積來說，火星上發生高速撞擊事件的頻率遠比地球來得多。這是因為火星大氣的密度不到我們呼吸空氣的1％，這麼稀薄的空氣無法像地球大氣一樣，有效地使來襲殘屑蒸發。幸好你在火星上會遭遇到的撞擊事件，大多是席捲整顆行星的強風裡頭夾帶的塵埃粒子，而不是太空碎屑來襲。火星風裡夾帶的塵埃粒子比地球上的沙粒小很多。

　　儘管火星的風速通常只有時速35公里，然而任何物體只要在火星上待久了，都會積累大量塵埃。這樣的衝擊一般來說過於微弱，無法在衣物之類的物體上形成撞擊坑，不過風跟塵埃流倒是會產生電荷，使得灰塵附著在多種塑膠製品上頭。塵埃粒子撞擊時的速度會決定積累的塵埃層有多厚。有趣的是，研究指出移動緩慢的殘屑會製造一層塵埃，暴露時間越長就會越厚；然而以時速240公里高速移動的塵埃卻只能累積一層薄薄的塵埃。這是因為塵埃移動速度比較緩慢時，會以靜電吸附於物體表層，就如同我們烘乾衣服時，衣物柔軟精產生的靜電吸附效果一樣，只是我們有時渾然未覺。火星上塵埃所帶的電荷使它們大量吸附在許多受撞擊的東西上頭；然而塵埃移動速度比較快的時候，撞擊能量抹去的灰塵跟附著的塵埃一樣多，因此相對來說，仍然是薄薄一層。

　　要在火星上活動的人們必須要了解撞擊事件產生的影響。關於低能量的火星風撞擊會產生什麼後果，科學家已有結論：他們在地球上利用風洞，搭配塵埃以及比較厚重的顆粒，模擬在火星上殘屑吹動的情形，結果顯示不太容易去除附著在太空裝跟護目鏡上的物質。清除塵埃必須十分仔細，因為倘若把它們刷掉，就會使它們跑進織品裡頭，或在塑膠護目鏡上留下刮痕；材質裡積累的塵埃越多，日常使用時造成的磨損就越嚴重，而隨著護目鏡的磨損越來越嚴重，你的視線會越來越差。此外，塵埃覆蓋在活動式機械表面時，會形成摩擦力，逐漸磨蝕活動部位。覆蓋在太陽能面板上的塵埃同樣會產生靜電，減低面板的發電效能。

　　太空服裝設計師也得留意：火星上的撞擊及輻射，會導致織品起毛球或產生皺摺。雖然這不太會影響時尚品味，不過反覆撞擊會導致暴露在外的材質表面收縮，使織品變得更為堅硬易碎；這可不只是穿起來不舒服而已，還會導致織品在受壓時破裂。在地球上，源自太陽的強烈紫外線大多被大氣層阻隔在外，卻可以輕易穿透火星的稀薄大氣，在日照時分持續轟擊火星表面。所有材質暴露在如此強烈的紫外線之下，都會像在地球上被紫外線輻射照過的材質一樣容易「老化」，變得褪色易碎，最後裂開。就算是為火星或其他星體訂製的太空裝，也得要使用能夠承受輻射殘酷侵襲的材質。

小行星上的撞擊

　　造訪小行星時遭受撞擊的損傷，跟在月球上可能會碰到的情況完全一樣：小行星跟月球一樣，在沒有大氣層跟磁場保護下，就連微小的流星體也能肆意侵襲。然而由於小行星的質量比月球低，因此不會像月球那樣用力地把太空殘屑拉向自身，因此產生撞擊事件的頻率會稍微低一點，殘屑來襲的速度也不像落在月球上那麼快。

科學與科幻（四）

由於地球重力會吸引大氣的原子跟分子，因此能夠把空氣留在地球周圍。地球表面上的所有事物都受到氣體總質量施加的壓力，平均壓力為100千帕（kPa）。我們的身體經過演化，當安坐室內、窗戶關閉的情況下，並不會感受到氣壓，不過當微風輕拂時，我們就能感受到氣壓確實存在。風速倘若越快，空氣對我們施加的壓力顯然也就越大。

環繞火星的空氣遠比地球大氣來得少，因此火星的一般大氣壓只有大約0.06 kPa，大約是地球上一般大氣壓的1/160。這也意味著火星上起風時，我們感受到的壓力遠比在地球所感受到的低。火星表面的氣壓大約是地球表面的0.6％，因此在火星上時速達160公里的強風，感覺起來比地球上時速16公里的微風還要和緩。就算在火星上有場大風暴，也無法像電影《絕地救援》演的那樣，事實上不會把人吹倒。

彗星上的撞擊

造訪彗星時可能會碰上的撞擊風險有數個來源。首先是剛從彗核釋放出的殘屑，雖然這類粒子的密度極低（相較於地球上的沙塵暴粒子密度），但只要撞上一顆就足以讓你吃不完兜著走。想要降低這種風險的辦法之一是，從向陽面以相對較低的速度接近彗星，因為彗髮裡的粒子撞擊速度比較低。

有些彗星會噴出氣體；含有氣體的區域受到太陽加熱後，當中的氣體便會從岩質殘屑最薄弱的地方衝出。雖然釋放出來的氣體或粒子密度跟地球大氣相較之下仍然非常低（圖7.5），但只要撞擊數次仍會嚴重危害你的性命，因此最好只造訪那些不會亂噴氣體的彗星。

圖7.5：哈特雷2號彗星的彗核噴出氣體。太陽位於它的右側。

NASA/JPL-Caltech/UMD

⑧ 太空生活
心理及社會層面

　　想像一下你剛跟好朋友打了一架，你會立刻回家？或是找個安靜的地方冷靜一下，把事情好好思考一遍，然後想出解決辦法？還是會跟家人或其他朋友商量，亦或去運動，這往往能夠使腦筋開竅。倘若這些問題都想通了，你就可以找那個好朋友談談；要是無解，你也可以選擇跟他「解除朋友關係」，這樣就能完全迴避問題，然後重新建構一個沒有他的生活。

　　但是假設你生活在一個總是距離這個人30公尺內、每天得碰面好幾次的環境裡，該如何是好？你的太空艙房可能比電話亭大不了多少，距離其他人的艙房也只有數公尺遠，但這很有可能就是太空船或太空站上的情況；光是要在艙房裡思索這個令人頭痛的問題，你還得戴上隔音耳機，才能夠阻絕交談聲、空調聲、機器聲、廣播聲等等背景噪音，不然房裡就會嘈雜到令人焦躁不安。最糟糕的是，你的家人跟密友都遠在天邊；只要一離開地月系統，你跟親友的交談就會受限於光速，通話時可能會有數十秒以上的延遲，你說完話要等好一陣子才會聽到對方回應，非常不方便。

　　現在我們來討論一下你在太空旅行中，可能會經歷到的個人與人際問題；這可不是多此一舉，而是未雨綢繆。有些事件會影響到你的心理健康，有些則是你心理不健康所致。接下來提到的各種行為是根據人們在南極大陸過冬、在潛水艇上、自願加入孤立小團體實驗（比方說火星學會規劃的火星沙漠研究站〔MDRS〕）等等環境中，必須持續與他人密切接觸的數百個大團體[1]。在自給自足的大團體中，人與人之間或是與更多人之間的許多互動情況，很可能也會發生在你的旅程中。不過事前不可能完全預料到會發生哪些狀況，無論如何，有備無患總是比較好。

　　由於你是自願太空旅行，因此我會省略人們被迫生活在侷限環境的相關研究，例如囚犯。雖然你在太空中受到的侷限跟世界各地刑罰體系裡的犯人確實有些相似之處，不過差異之處更顯著。有鑑於此，若以囚犯為例，恐怕會產生誤導。

　　人類互動相當複雜，這意味著，即使讓人數相同的兩個大團體執行同樣的長期任務、操作同樣設備，團體的互動情況仍然有可能大不相同。整體來說，旅程中參與互動的人數越多，結果是正面體驗的機會越大。

　　若想要順利完成長期太空任務，即時且到位的心理健康照護十分重要。由於人類互動極為複雜，你的太空船上起碼要有一名受過高度訓練的專業人士，能夠針對個人或團體的相關問題，進行個別、伴侶間或團隊輔導。最理想的狀況是，船員裡有個心理學家，不然就是同行的醫生受過相關訓練，能診斷精神疾病、提供諮商及有助於緩解精神病症的藥物。若是能夠有個接受過其他相關訓練的顧問也很好，他們可以在個人或人際問題醞釀時便發覺苗頭不對，即刻緩和局面，傳授一些放鬆技巧並提供諮商，幫助人們解決這些問題[2]。船長身兼好幾個重要角色，讓船員和平相處是其中之一，她或他必須要能夠解決

1　書中的「大團體」代表太空船上包括船員跟乘客的所有人。至於「團體」這個詞則是用來指某一群特定人物的組合。

這類問題。而船員也必須訓練有素，當發生個人或人際關係衝突，導致某人傷害自己或他人時，能夠保障所有人的安全。當然，負責管理團體秩序的人本身也有可能產生同樣的問題，所以事情可沒那麼單純。

篩檢的重要性

若想要在這個商業太空旅行剛起步的年代，就具有飛進太空的特權，你需要的可不只是大把銀子跟良好「門路」。你想去的地方離地球越遠，就必須接受越多的測驗跟訓練。若只是去太空站待個幾天，或是去月球待一、兩個星期，比較不必要求你非得適應跟一小群人擠在狹窄艙房裡一起生活；然而若是要離開地月系統，就需要有相當程度的調整。

打算造訪火星的兩顆衛星，或是上彗星兜風的人，啟程之前很可能要花好幾個月進行生理與心理的測驗與訓練。每個進入太空的人都必須要能承受嚴苛的生理適應、與家人朋友相隔兩地、無法參與地球上的活動，以及必須跟陌生人密切接觸的情緒波動。儘管太空旅行有很多要求，不過能夠跟同行者和平共處最為要緊，不然此行很快就會陷入一團混亂。

世界各國的海軍跟太空機構，以及將人們送往油井、偏遠北方國家，還有南極大陸等孤立地點工作的公司，研發了各種篩檢方法，確認人們能夠在小團體裡執行長期任務。篩檢過程中有各種生理與心理測驗，有些測驗內容相當具壓迫性。到了你想要太空旅行的時候，太空發展社群也可能會使用遺傳篩檢，這類測驗會檢查基因的特定標記，看看你有多大的機率出現某些使你不適合太空旅行的生理或心理問題。你必須逐一通

---

2 有趣的是，現在有種軟體叫做「虛擬人類」，可針對各種問題提出不錯的諮詢建議。這種軟體起初是用來協助罹患創傷後壓力症候群（PTSD，本章稍後會討論）的士兵，可讓你跟電腦上的真人影像交談；影像的面部表情栩栩如生，你很容易就會忘記是在跟電腦說話。此外，虛擬人類的資料庫十分完備，幾乎任何問題都難不倒它。

過這類篩檢，但無論你有沒有過關，都必須抱持正面的態度：倘若你「沒過關」，進行篩檢的社群一定是為了你跟他人的安全著想，有充足的理由讓你不得不待在地球上。

即使你過關了，也不保證進入太空之後，生理、情緒跟社交方面就一定不會出問題。確實也有幾位訓練有素、通過嚴格測驗、紀律嚴明、意志堅定、學識豐富的太空人，上了太空卻表現不佳。以下是幾位登記有案、太空人情緒出狀況的例子。1996年，約翰‧布萊哈（John Blaha）在和平號太空站上罹患憂鬱症；1985年，弗拉迪米爾‧瓦斯尤金（Vladimir Vasyutin）在聯盟號T-14太空船任務期間，生理與心理都出現狀況；1976年，波利斯‧渥利諾夫（Boris Volynov）以及維塔利‧佐洛波夫（Vitaly Zholobov）在聯盟21號任務期間發生人際問題，導致任務必須提前結束；1973年，天空實驗室太空站的機組員傑拉德‧卡爾（Gerald Carr）、威廉‧波格（William Pogue）、以及愛德華‧吉布森（Edward Gibson）由於工作量過大，與地面控制人員嚴重對立，導致他們不但拒絕工作達24個小時，也不跟地面控制中心聯絡。太空人情緒出狀況的案例不僅於此，從分派工作量、地面控制人員與太空人之間的互動，到太空旅人的行為，都可學到不少教訓。相關人員持續以此修正挑選太空人的方式，並加強訓練，以及當他們上太空時，如何加以「控管」。

旅程中出現心理問題的可能性

根據過往長期處於孤立狀態的團體經驗，可以量化你可能在太空旅程中出現或經歷精神問題的可能性。一個人顯露在外的不正常狀態叫做醫事徵兆；一個人感覺到自己狀況不太正常，但是外人看不出來，則稱為症狀。比方說出疹子是一種徵兆，你若感覺到胸口像被鋼條緊緊綁住，就是一種症狀。為了簡化，接下來通稱為症狀。

　　根據美國國家科學院出版的《安全上路：探索任務的太空人照護》（*Safe Passage: Astronaut Care for Exploration Missions*），長期（數個月到數年）待在封閉環境的人，每年有3％到13％會出現精神症狀。舉例來說，假設前往火星衛星的旅程需要三年，太空飛行機構也已盡其所能地篩檢乘客，因此出現心理問題的比例可望落在這個範圍的下限。假設太空船上載了12人，每人每年出現精神疾病的發作率是3％，那麼在你返回地球之前，船上應該至少會有一人[3]出現心理問題。

　　以疾病類別而言，精神疾病比任何特定的生理疾病更容易出現在普羅大眾身上。這樣比較當然不太公平，因為像是癌症、感冒、盲腸炎等生理疾病都各有專屬分類，但「精神」疾病卻全部被歸為一類。不過這裡的重點是，精神疾病極為常見，人們必須像接受生理疾病一樣地接受精神疾病，並且予以回應。此外，即使是受過最佳訓練、最「合群」的人，在太空中也可能會經歷情緒調整期或出現其他心理問題，甚至有精神症狀。在軌道上一待就是好幾個月的太空人最常出現憂鬱症；前面提到的美國太空人約翰・布萊哈，他在和平號太空站憂鬱症發作，這件事廣為人知。布萊哈的那趟旅程打從一開始就不順利，因為原來跟他一起接受訓練的兩位太空人由於醫事因素無法成行，因此他幾乎從零開始，重新跟另外兩位既沒有一起接受訓練、也無從發展融洽關係的太空人社交。

　　美國海軍篩檢跟訓練潛艇人員的方法極為仔細，他們發

3　一人＝每人每年發生0.03件精神疾病事件 × 12人 × 3年。

現，船員出現精神疾病是必須放棄潛艇任務的第二大主因。稍後會討論，潛艇人員最常出現的精神病症：焦慮。

團體互動

既然你已經知道維持精神狀態健康是旅程順利的關鍵，那麼現在就可以來談談幾個會影響精神健康的因素。首先，跟同儕相處融洽非常重要。我們這一生會成為許多團體的成員，無論是工作、就學、休閒、在家裡還是在社區，都會跟團體產生關係。團體對於任何一個成員都有可能會產生正面或負面效應。通常一個健康、合作、提供支持、彼此信賴而有凝聚力的團體不會自然形成，而是需要人們想辦法發展這些特質。1996年數個團隊嘗試攀登聖母峰，如同強‧克拉庫爾（Jon Krakauer）的著作《聖母峰之死》等書所述，其中兩支團隊遭逢暴風雪，導致八人死亡，包括兩位領隊。其中有個大問題是，這兩支團隊只是徒有「團隊」虛名，他們沒有花費必要的時間發展足夠凝聚力、互相了解，並產生信任感，也不知道面臨緊急狀況時如何有效因應，更不懂得發展讓團隊得以運作的協力決策責任制，因此當一連串的問題出現時，無法順利合作。

就像行前必須要經過生理跟心理篩檢一樣，你在行前可能也得花些時間跟其他同行的人相處，看看彼此是否有任何格外不合的地方。這段相處的時間可用來深入介紹你們會使用的設備、將會搭乘的太空船、學習緊急狀況的應變流程，可能還會讓團體在模擬太空艙房的地方，一起生活和工作數個星期。跟其他的測驗一樣，這樣做並無法保證真正飛進太空時，團體互動的結果一定正面且令人滿意，但至少能夠避免發生過於明顯的水火不容。

團體可提供人們安全感、歸屬感，也會讓人覺得自己很重要。但團體似乎帶著半透性，若已發展出結構跟凝聚力，通常很難再接受新成員。有些成形的團體甚至會用「菜鳥」、「弱雞」、「嫩B」、「新兵」等等帶有貶意的綽號來稱呼新成員。若你是某個團體的成員，通常也很難被另一個團體接受。

透過南極洲的研究了解孤立團體可能產生的負面互動，例如大團體裡分成彼此不互通的派系，可能會使派系關係極為緊張，從而導致派系過度競爭、恃強凌弱，甚至暴力相向。被排除在主要團體之外的成員，則會顯現憤怒或沮喪，同時產生抽離感，在工作時效率低落、出現憂鬱症或是其他精神問題，進一步導致他們受孤立。而大團體互動的結果亦經常迫使被排除在外的成員扮演代罪羔羊，扛下既非他們所造成、也不是他們能夠預防的問題。

對許多人來說，要是跟其他人的生活空間太過接近，持續好幾個星期或是更久，彼此關係就會變得很緊張。在這種時候出現的問題，有些跟我們的環境需求有關，有些則是跟大團體裡個人與文化差異有關。

擁擠不堪

擁擠的概念受到兩個重要因素影響：在不同情況下的推擠不能相提並論；來自不同文化背景的人們，對於身邊圍繞的人數及密度要到什麼程度才會感覺不舒服，認知也有所不同。擁擠的第一個層面是，每個人與他人互動時，自己周圍需要多少空間，又稱為「個人空間」或「個人領域」。大多數人在個人空間被侵入或侵犯時，會覺得很不舒服。個人空間依你所處的國家跟社會而定，可能短至幾公分或長至一個手臂的距離。你的個人空間需求倘若比較寬廣，在太空中可能得學著適應與他人較近的距離。

　　個人空間所產生的問題，在沒有重力的情況下會變得更加嚴重。如同第四章討論的，當你飄浮在半空中，對於上下的感覺會大為改變。由於人自由飄浮在空中，你會跟頭下腳上或是側躺的人們交談，這些感知會改變我們對於個人空間的概念。根據在地球上的研究以及某些太空人的經驗指出，當跟你互動的人不是處在正常的「頭上腳下」方向，你就會需要更多的個人空間；換句話說，為了避免不自在，你跟眼睛位在嘴巴下方的人互動時，需要跟他們保持比正常視角更遠的距離。

　　更麻煩的是，通常太空船上的通道都很狹窄，有時候只能讓兩個人擠身而過（圖8.1）。大部分在太空船上或其他星球上的空間配置都相當擁擠，完全比不上一般房子或公寓所擁有的空間。近距離接觸也會刺激感官，特別是嗅覺；在這種情況下，你可能會發現某些人的體味實在不好聞，只想離他們遠遠的。當然，你在跟某人靠得特別近的時候，發現他的氣味或某個特徵蠻吸引你的，這時你會想要跟這個人發展親密關係；但倘若現實狀況不允許，這段邂逅的感覺再怎麼正面，也會使你感到沮喪。

　　就算是在一個與他人間隔相對較遠的空間裡，當人們在太空中四處飄浮時，個人領域偶爾還是會被入侵。舉例來說，假設前往火星的旅途中，你正在交誼室看電子書；你的身體自由地飄浮起來，輕輕掠過牆壁並開始翻轉，但是由於故事很吸引人，你壓根不知道自己在移動，於是你的身體轉啊轉的，你的腳就這樣慢慢地從某個人的背後輕擦而過……像這樣不經意地侵犯私人空間，可能會導致對方感到有壓力、精神緊張、焦慮、產生敵意，男女有別的意識也會升高。

值得注意的是，在不同文化的大團體裡，性別差異會產生有趣的影響。西方文化中，倘若擠在一起的人全都是男性，**擁擠**所造成的負面效應，會比起團體中有女性或全部為女性時累積得更快。有時候不同文化的性別互動也南轅北轍，在某些文化裡，若擠在一起的團體中有女性，反而會提高緊張感。

你在太空船上或太空中其他地方的居住場所通常是封閉式艙房，人們三不五時就會經過你的個人空間，因此你必須時常

圖8.1：太空人詹姆斯・沃斯（James S. Voss）帶著一套太空裝，在國際太空站上穿越星辰號服務艙（Zvezda Service Module）的艙口。

NASA

調整自己的心態，想辦法甘之若飴。你基本上必須要「放棄」平常對私人空間的堅持，對於闖進的人們視若無睹，甚至還得表示歡迎。接受跟你親近的人闖入，顯然比接受其他人容易，所以只要把其他人都當成跟你親近的人，就可以對於跟別人近距離接觸感到若無其事。在出發之前，很值得花點時間做些相關訓練。

另一種常見的擁擠概念，是指很多人同時擠在同一個地方；即使個人空間有受到尊重，你也會覺得擁擠。群眾會使你的感知過載，製造一種舉手投足都明顯受到限制、生活在資源有限環境裡的感覺。當你覺得無法控制周遭情況時，通常會比較容易意識到群眾的存在。生活在一個經常擠滿人的環境下，你會比平常花更多精力去維持隱私，並從社交互動裡抽離，也比較不願意幫助他人。此外，生活在擁擠環境下的人們較為易怒，反應也會比平常更為暴力以及有侵略性。

在我們轉而討論隱私的相關問題之前，不妨先了解一下，如果太空船設計良好，便能減低擁擠感，比方說運用顏色、艙壁質地、照明、座位安排、房間布置及外觀是否相對「熱鬧」，連艙壁的形狀都有關係（直線比曲線好）。

那麼你在太空船上能夠如何緩解擁擠感呢？倘若你可以重新規劃環境，比方說若太空船上的公共區域有隔間，可以分隔人們聚會的區域，那麼只要重新安排隔間，就能製造不同的「空間」，這對於緩解擁擠感很有幫助。同理，若能改變船上的照明，以及大型螢幕上投射的景象，也能夠紓解人們由於擁擠而產生的緊張感。

隱私

　　隱私對你有何意義？對某些人來說，隱私意味著他們可以獨處；對其他人來說，隱私意味著他們可以選擇要跟誰互動。很多時候人們獨自工作的效果，比跟他人共事來得好。有些人則認為隱私是擁有跟他人發展親密關係的機會。隱私也可能是指擁有一個可以保有祕密，或是表露哀傷或憤怒等等情緒，而不會損及你在他人心中形象的地方。

　　你需要多少隱私，以及如何才能獲得隱私，部分取決於你成長的社會氛圍。舉例來說，某些文化認為隱私不是獨處，而是可以不說話；某些文化認為想要獨處的人很可疑，覺得這些人可能想要做些離經叛道、為社會所不容的事。在離開地球之前，了解同行者的文化預期及隱私需求，將會對你在太空船上的封閉環境新生活大有助益。

　　上述這些因為身處在群眾之中，而感到增加的壓力跟緊張，我們的應對方式經常是在事後躲到某個「有隱私」的地方紓壓；然而在太空船上，你所擁有的私人空間非常有限。參考現今國際太空站供太空人居住的艙房大小，你所能擁有的封閉艙位，基本上大概跟一座大型電話亭差不多（圖8.2）。

　　人們需要從社交互動裡抽離的隱私，往往與人們需要「做自己」有關。當我們跟他人相處時，多半會「掛上」社交偽裝，但這很難長時間維持；若是持續不斷與人接觸，我們的情緒會漸感筋疲力盡，這時就需要一點獨處時間。跟人群長時間相處也可能會使你對自己的行為舉止變得很敏感，越來越能夠察覺自己從獨處轉而參與團體時有什麼轉變，這會使你想要避免跟群眾接觸。這種避開群眾的行為可能會使其他人覺得你好像不喜歡他們，導致他們也開始避免跟你碰面，反而造成你偶爾想要跟他們見面的時候，更難有互動。顯而易見地，這一連串人際互動很快就會失控。

　　隱私的價值也要視這趟受限之旅的時間長短而定。生活經驗以及研究結果都顯示，隱私在短期旅程來說是好事，可以紓解壓力跟煩惱；然而倘若旅程長達數個月以上，過於強調隱私的結果會增加團體內的壓力。即使開放私人艙房，讓大家可以在內自由交談，問題依然存在。長途旅程團體似乎需要大量的社交互動，才足以紓解平時日積月累的壓力；要是讓人們擁有太多隱私，人們就會把說出便能很快解決的問題「悶在心裡」。

　　在地球上，遭遇人際問題的人經常會聚在一起分享經驗；

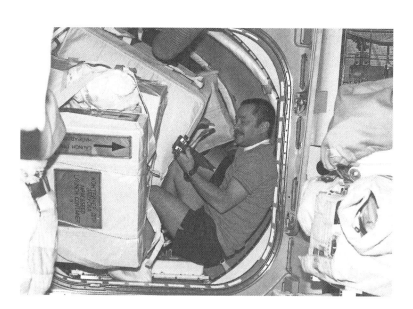

圖8.2：太空人尤里‧烏薩切夫（Yury V. Usachev）窩在國際太空站上的睡眠艙房。

NASA

如果能夠有位受過心理動力學相關訓練的人為他們指點迷津的話會更好。倘若當著大家的面談論自己的問題會使你感覺不自在的話，最好找位受過專業訓練的諮詢顧問（虛擬顧問也行）私下談談。小題大作固然沒什麼好處，但是放任情緒跟社交問題不管，直到問題無法解決，更是糟糕透頂。

地盤

　　劃地盤的概念與擁擠感跟需要隱私都有關。人類相較其他許多動物，比較不需要劃地盤，不過這問題仍然存在。南極探險家理察・拜爾德上將（Richard E. Byrd，1888-1957）在1938年於其著作《獨自一人》（*Alone*）寫道：

　　「我知道一起蹲碉堡的戰友為什麼彼此不再交談，因為他們都懷疑對方是不是把自己的裝備慢慢地塞到其他人分配到的空間裡……在極地營區裡，像這樣的芝麻小事也會把自律甚嚴的人逼到瘋狂邊緣。我待在『小美洲』探險基地的第一個冬天，跟一個幾乎快要謀殺別人或自殺的傢伙一起散步好幾個小時；他細數另一個曾經是他摯友的人做了多少不應該的事，但那都是子虛烏有。你被自己不能勝任的感覺，以及同事群起打量你的眼光，包圍得喘不過氣。那些能夠快快樂樂存活下來的人，都是能夠善加運用智識，並賴以維生的人。」

　　這樣的情境不斷在登山隊、洞穴探險隊、潛水艇上以及戰時許多情況上演。

研究發現，當環境受到侷限，人們在團體中需要一塊可以自行控制的空間（這可不只是個人空間）。回想一下小時候的情形，如果你有兄弟姊妹的話會更明顯：許多小孩對於兄弟姊妹特別有地域概念，任何不請自來進到房間，甚至改變房間裡的任何擺設，都會非常反感。幸好根據生活經驗以及其他研究顯示，地域概念通常僅限於臥房（或是船上的艙房）以及辦公室等等，一般公認「屬於」個人的空間。許多人會用照片、書籍、海報類物品，賦予這些空間個人色彩。針對私人空間產生的人際衝突，通常都起於空間邊界上的事物。

然而像是交誼廳這樣的公共空間，劃地盤的問題就不太一樣了。團體經常會試著取得大家最想要的公共空間，因此這些人的行為必須受到船長之類的人監管。良好的船隻設計會盡可能把空間邊界劃得涇渭分明，或是讓邊界具有彈性，這麼一來團體就可以切出一塊適合他們使用的暫時性空間，反正大家都知道，最後還是會回歸原狀，如此可以減少劃地盤產生的糾紛。

文化差異

就如同前面所述，來自不同文化的人，其個人以及社會期待、需求、信念、品味、信仰以及興趣，都會有所差異。這些差異可以成為有趣的話題，作為旅途中寒暄的主題，但也有可能使人感到不舒服、產生歧見、惱怒、敵意或緊張關係。在太空中的團體互動裡，最具有衝突性的麻煩之一，莫過於發現某人竟然屬於某個你完全受不了的組織。

舉凡宗教信仰、對待女性跟少數族群的態度、對於隱私的看法、表達情感的方式，甚至工作與休閒的內容，各式各樣的文化差異，都可能使人產生負面感覺。既然這些懷抱各種信念跟態度的人，要在太空船上跟你共度好幾個月或好幾年，大家越快接納彼此的文化差異，就能越快發展出比較穩定，且能互相支持的關係。不過除了這些必須解決的麻煩以外，許多人也會發現，在密閉艙房裡，很多小事都會讓人幾近抓狂，像是同樣的故事聽上好幾遍，或是有人把手指關節弄得劈啪響。

關於大團體互動的相關文獻裡，不乏一些相當有趣且令人驚訝的結果。有項研究針對長期生活在一起的大團體（明確定義大團體人數、一起生活的時間長短等等），判定他們屬於同質性還是異質性。判定的標準有性別、國籍、年齡，以及面臨類似情況的生活經驗等等。結果發現，人數比較多的大團體不但衝突較少，令人驚訝的是，衝突似乎還會隨著任務進行而逐漸減少。最有意思的研究結果是，異質性的大團體發生衝突的頻率，比同質性大團體來得更低。

為什麼異質性大團體長期相處會更順利？有個假說認為，同質性大團體起初會假設成員「氣味相投」，但這經常是錯的；他們會覺得彼此不需要像其他來自不同背景的人們那樣，討論清楚政治、宗教、社會態度等事宜。當這個起初同質的大團體，逐漸熟悉彼此的生活之後，往往就會發現他們之間存在各種歧異跟扞格。問題在於，等到他們發現差異時，早就已經「回不去了」。

倘若你在出發前往太空前，發現自己跟大團體內的某些成員不合，該怎麼辦？當開完所有的行前會議、彼此討論過，也經過諮詢，但仍然無法擺脫對於大團體裡其他成員的負面感覺，我建議你，換個行程吧！

領導能力

有效的領導能力是所有太空之旅的成敗關鍵。你的太空船會有一名船長，以及經過多年訓練的船員，負責打理太空船跟旅程的各種瑣事。他們裡頭會有幾名幹練的太空老手，而船長肩負十幾條人命，責任重大。船上的領導模式可以有好幾種風格，比方說海軍艦長總是以至高無上的權威下令，或是像小組協調人那樣提出建議，讓團體的感覺順勢而行。

根據長期孤立大團體的經驗（軍隊除外，因為軍隊由上到下有嚴格的控制體系），船長不應該總是扮演權威至高無上的角色。在南極大陸過冬這種非軍事的孤立情況下，若能在最低限度的權威指導下活動，人們會比較進入狀況。

自船長以下，好的領導者對於大團體互動情形要相當敏感，並且學著如何以最佳方式，因應每個成員的需求。舉例來說，領導者應該要察覺團體裡有派系形成，並且判斷新的團體互動情形是否有正面效果，藉此評估是否需要介入，以防止問題在團體中滋長。即使你搭乘的太空船受到軍方管轄，船長也必須是個衝突解決專家，才能使這趟飛行既愉快又安全。

反過來說，在太空船進入目的地軌道，或是跟另一艘太空船接泊時，一旦出現任何需要強勢領導的緊急狀況，船長也必須要立刻轉換為權威角色。若情勢不是非常危急，在時間允許的情況下，船長應該要盡可能解釋清楚；但是在千鈞一髮之際，你也必須毫無疑問接受船長命令。

另外還有個跟權威角色有關的情況，你在旅程中應該要非常敏感：是否有人想要奪權。孤立團體中，不時會有人想要爭奪主導權，尤其是當其他成員覺得事不關己時。未經許可擅專權力的人，會把團體搞得烏煙瘴氣，在太空裡必須盡量避免。

壓力

羅伯特・白朗寧（Robert Browning）曾說，「啊！人應超越一己之限，否則天堂又有何意義？」你在太空旅程中會碰到各種壓力。壓力是你的身體對於別人跟環境要求所產生的反應。無論改變是好是壞，壓力都會無可避免地伴隨而來。不同情況所產生的壓力變化極大，不同人能夠忍受的壓力程度也不盡相同。就算是正面而振奮人心的經驗也可能會帶來壓力。適當的壓力可以讓我們的工作表現更為出色，鞭策自己超出預期，有效地與他人競爭。

當你面臨某個情況，需要做出比平時更具有挑戰性的反應時，你便會感覺到額外的壓力。壓力來自於生活中的三個基本層面：人際關係、組織活動，以及與物質世界產生的互動。

當我們認為某個情況跟我們的欲望衝突，威脅到我們的生存本能，或超出我們的應變能力，無法有效處理的時候，就會產生額外壓力。身處在太空中時，許多壓力來源很可能會比在地球上時產生更負面的影響。回想一下你開車時，感覺到車子在振動，聽到砰的一聲巨響，然後引擎熄火，車燈也熄掉了，你停車檢查時的反應如何？再想像一下你在太空船內，突然感覺到太空船在振動，聽到砰的一聲巨響，然後通風引擎熄火，燈光也熄掉時，你的反應會有多麼不同。

我們的腦在面臨壓力極大的情況時，會產生以下幾種標準反應：拼了、逃跑，或是動彈不得。一些特定疾病如憂鬱症、焦慮症以及創傷後壓力症候群等等也會有壓力過大的症狀。額外的壓力可能會導致以下症狀：

- 慢性頭痛。
- 血壓升高，心跳加速。
- 消化不良。
- 出疹子。
- 更為焦慮。
- 更為易怒。
- 與團體成員疏離。
- 精力衰退。
- 注意力衰退。
- 提不起勁涉入或解決問題。
- 生產力下降。
- 容易疲倦。
- 更需要隱私。
- 對人抱持敵意。
- 覺得無聊。
- 難以入眠。
- 產生衝動行為。
- 對個人健康狀況產生執念。
- 心臟病。

　　值得注意的是，感到壓力過高的人鮮少會出現上述所有的生理或心理症狀。

焦慮

我們都有過焦慮的經驗，對某些事件或情況感覺到不安、不確定或恐懼。「正常」程度的焦慮，加上連帶出現的生理與心理特質，是經過演化能夠幫助我們克服挑戰的機制。不過壓力並非導致焦慮的唯一因素，焦慮也可能是憂鬱症或藥物戒斷等等其他潛在精神疾病或生理問題所引發的症狀。

極度焦慮的主要生理症狀有：

- 口乾舌燥。
- 呼吸短促。
- 喉嚨緊縮。
- 難以吞嚥。
- 發汗。
- 心跳過速。
- 頻尿。
- 呼吸困難。
- 換氣過度。
- 噁心想吐。
- 胃痛、胃灼熱、胃食道逆流。
- 頭痛。
- 暈眩、暈倒。
- 發顫、抽搐、發抖。
- 疲倦。
- 腹瀉。

極度焦慮的主要情緒與心理症狀有：

- 易怒。
- 失眠。
- 生氣。
- 覺得大難臨頭的恐懼感。
- 突然很怕死。
- 無法專注。
- 容易分神。
- 容易受驚。
- 覺得一切都不真實。
- 覺得一切都失控了。

創傷後壓力症候群

　　創傷後壓力症候群（PTSD）在地球上已成為流行病，部分原因在於，許多士兵從發生軍事衝突的地區返鄉之後會出現這些症狀。太空船上的大團體中，極可能會有人在旅途中，經歷極為出其不意、令人震驚、驚慌失措、心煩意亂的事件，導致他們產生PTSD。這類事件包括打架、有人死亡、身處在生命受到威脅的狀況（比方說一小塊流星體打穿太空船）、有人精神崩潰嚴重到必須關禁閉，或是家鄉出了什麼狀況，讓你心煩不已卻又無能為力。

　　PTSD的症狀一般出現在事件發生的一到三個月內，至少會持續一個月，不過長達十年也是常有的事。這些症狀包括：

- 反覆做惡夢。
- 反覆出現令人苦惱的想法、影像跟記憶，讓你不勝其擾。
- 回想起導致PTSD的事件。
- 對於跟原始創傷事件類似的外在或內在隱射，產生強烈反應。
- 在腦中再次經歷該事件。
- 避免接觸類似創傷的刺激事物，以免觸景傷情。
- 睡眠障礙如失眠。
- 過度警覺。
- 憂鬱。
- 易怒。
- 對驚嚇反應過度。
- 社交與工作活動明顯受到影響。
- 自覺跟朋友疏離。
- 對活動興趣缺缺，或避免參與活動。
- 感到人生苦短。
- 頭痛。
- 胸痛。

　　在旅程中出現的事件或刺激物，若是跟出發前發生的事件相似，也可能會導致PTSD發作。舉例來說，倘若你曾經在花店裡目睹一樁武裝搶案，後來在太空船上聞到某種跟你在搶案發生時聞到一樣的花香，你就有可能會出現PTSD。

　　慢性焦慮或壓力會引發一種更為嚴重的病症，稱之為慢性衰弱、神經衰弱、達柯斯塔症候群（Da Costa's syndrome），或軍人病。在長達大約兩個月的慢性焦慮或壓力之後，慢性衰弱會導致以下症狀：

- 疲倦。
- 提不起勁。
- 胸痛。
- 心跳加速、有時候還會心律不整。
- 手腳溼冷。
- 暈眩。
- 不時嘆息。
- 發汗。

處於慢性衰弱時，過去令人興奮的事，如今看來既無聊又惹人生厭，對於音樂跟食物的品味也會改變；大團體裡的成員會對彼此漸感不耐，對地面控制人員也是如此。幸好現在有多種行為以及藥物療法可以解決許多焦慮症狀，你在太空中應該也能夠採用這些方法。

幽閉恐懼症

在環境受限的太空旅行中，幽閉恐懼症是潛在問題。除非你搭乘的太空船型號極為高級，不然你在太空船上能夠擁有的空間，應該會比任何你待過數小時的環境都還要有限。有限的公共與私人空間可能會造成各種精神狀況；最常見的就是對於封閉空間產生不理性、具有持續性強烈恐懼感的幽閉恐懼症。

　　幽閉恐懼症是會導致焦慮、恐慌發作，也會危害自己、他人、太空船的衝動行為。在身穿太空裝時產生幽閉恐懼症的後果極為嚴重，因為你在真空環境下不能把頭盔脫掉。恐慌發作則是一個有清楚定義的心理症狀，發作時你的脈搏會比平時高很多。年齡在21到60歲之間的人，正常脈搏會介於每分鐘60到75下；倘若你在太空中恐慌發作，或是出現本書提到的任何狀況，抑或你看到某人出現一些徵兆，使你認為他或她出現生理或精神問題，為了整船人的福祉著想，你可能都必須立刻向能夠診斷問題並提供協助的人匯報。

　　在你出發前往太空之前，必須知道自己是否容易產生幽閉恐懼症，因為你若不穿上封閉式的太空裝，就沒辦法走到太空船外頭透氣，在飛行期間也無法到某個比較大的房間伸展。有各種檢測流程可測出你是否容易產生幽閉恐懼症，美國海軍會讓受測者待在一間小小的壓力室內，把室內氣壓增加到一般大氣壓力的四倍，讓受測者覺得自己被擠得喘不過氣，然後看看他們會不會恐慌發作。消防隊員有時候也會接受幽閉恐懼症的測試，他們會矇上眼睛，進入一個狹小的空間，然後執行在地板上找東西的任務。讓人穿上太空裝之類的封閉裝備，然後塗黑頭盔的面罩，也是一種測驗方式。

　　就如同所有的恐懼症一樣，一旦經歷過幽閉恐懼症，就會對相關經驗非常敏感，並且對於這類封閉空間感到恐懼，害怕再度經歷相同感覺。倘若測驗結果顯示你有幽閉恐懼症（或其他任何恐懼症），而你無論如何都想要進入太空的話，就得想辦法克服那種恐懼。以下是在有經驗的治療師輔導下，可以採取的各種應對之策：

- 不斷面對同樣情況，直到恐懼消退為止（又稱洪水療法）。
- 學習系統減敏感法。
- 參加療程，了解自己為何會恐懼幽閉，然後學習如何去除恐懼感（認知行為療法）。
- 模仿其他在封閉艙房裡不會恐懼的人。
- 服用某些藥物，降低恐懼症帶來的焦慮感。

即使你沒有全然的幽閉恐懼症，窩在太空船裡好幾個月或好幾年之後，可能也會出現類似症狀。

出神

如果你有被催眠過，便知道出神是什麼感覺。倘若沒有，在你進行太空之旅時，就有可能產生類似體驗。出神是種有明確定義的催眠狀態，關於研究在南極大陸過冬的報告指出，有些人隨著時光流逝，會自發性地進入出神狀態，這通常是因為在孤立環境之下，環境刺激極為有限所致。在太空中長途旅程時，精神狀態也有可能發生這種變化。

人們在出神狀態下會覺得奇幻世界栩栩如生，正面跟負面的幻覺都很常見。出神狀態會使人忽略周遭的事物。有些人在催眠狀態下，對周遭環境似乎很有警覺性跟反應，然而他們目光渙散，思緒也飛到九霄雲外。倘若人們在出神時，對於幻境或幻覺產生會危害自身或他人的反應，情況就會變得很危險。這事在南極偶爾會發生：人們以為他們身在別處，在冰天凍地之下走到戶外，而活活凍死。

輻射恐懼

你可能會害怕太空旅程中，不斷穿越身體的輻射；這種反應在地球上叫做輻射恐懼症。恐懼症會在人們害怕的事情真正發生前，就產生焦慮感，導致人們避開那些有可能讓惡夢成真的情境。然而考量你這趟太空之旅會暴露在多少輻射之下，害怕太空輻射並不能算是恐懼症。就如同第七章討論的，太空船、太空裝、太空站以及太空星體表面上的建築物，都無法像地球大氣層跟磁場一樣，妥善地保護你。舉例來說，粒子在太空旅途期間穿越你的視神經時，你會看到「星星」在眼前閃過。日復一日待在可能致命的輻射環境中，心知肚明自己對這事無能為力，可能會因此產生一種無助感，從而導致焦慮、憂鬱，甚至精神異常等現象。

知覺變化

你身在太空船以及其他棲息地上的環境，是太空中另一種會導致心理與社會問題的因素。這主要關乎你的感官如何處理感知到的訊號，以及生理跟心理狀態會隨之產生什麼變化。雖然我把環境因素歸為一類來討論，不過請注意，環境因素會導致各式各樣的反應，如壓力、焦慮、無聊、侵略性。

食物

在所有孤立環境中，美食（尤其是巧克力）是最能讓人們感到開心的東西，無論是在豪華郵輪、南極大陸，還是國際太空站上皆然。然而考量冷凍所需的能量，太空船上不太可能有冰箱或冰櫃，無法儲存足夠吃上好幾個月或好幾年的大量新鮮食物。話雖如此，相較於雙子星以及阿波羅計畫的太空人必須從管子裡擠出食物、吃冷凍乾燥冰淇淋、飲用沖泡式柳橙汁，如今的太空伙食已經改善很多了，最起碼包裝食品裡頭含有水分，跟你預期的味道及口感不會差太多。

在你出發前往太空之前，必須考慮攜帶的食物份量及類型。國際太空站提供每人每日1.25公斤的食物，這些食物事先都已烹調，也不需要冷藏，有些脫水食物只需要加點水即可食用（很像你帶去露營的乾燥食物）。一開始在太空中的食慾非常有限，因為大多數人還苦於失重狀態所引發的噁心感跟身體不適，吃不下太多東西。不過等到人們恢復食慾之後（就算沒有大幅提升），在太空中待上數個月，食慾也會再度下降。

在離開地球之前就規劃好菜單，這事好壞參半。你當然會想要在旅途中吃到你愛吃的東西，然而考量到太空船的載貨空間有限，肯定沒有辦法像郵輪那樣，帶上大量各式各樣的食物；就這點來看，出發前花點時間選擇你喜歡吃的食物，還蠻有道理的。然而許多太空人發現，他們在太空中除了吃得比較少以外，味覺也有所改變。如同先前所述，部分原因在於微重力環境下，人體內的體液分布會不同；尤其是當頭部液體較多時，會一直覺得自己好像感冒了，不僅頭部發脹，味覺敏感度也跟著下降。若是太空船上有人工重力，就能夠避免這種情況發生，不過你的口味還是有可能會比在地球上的時候更為偏辣。幸好多帶一些香料比多帶一些食物來得簡單。

氣味

氣味會誘發各種情緒：欲望、飢餓、恐懼、厭惡。在人類的主要感官裡，我們所知最少的嗅覺經過演化，讓我們得以找到附近的食物或理想伴侶等等，並且讓我們能夠避開鄰近的危險如火或是有毒化學物質。氣味也是一種能有效喚起記憶的方式，讓人想起用其他方法都想不起來的事。

舉例來說，潛水艇跟船艦底層甲板之類的密閉空間，向來以難聞的氣味惡名昭彰；好在太空機構費了相當多功夫維持太空船上的氣味。氣味多半來自「釋氣」效應，例如塑膠之類的產品被製造出來時，表面上會微微附著分子，並隨著時間逐漸發散，這就是為什麼新車到貨時，你會聞到一股「新車味」。只要打開門窗跟通風系統，這股聞起來「令人心曠神怡」的氣味，終究會消散。太空船設計師很努力地降低釋氣效應，不過並非每次都會成功。

人體也會發出各種氣味，有些氣味很吸引人，有些則否，這得看太空船上的衛生規範如何，以及有沒有噴香水跟使用香氛皂的相關規定。這個問題必須要舉重若輕地加以處理，人們才不會感覺到自己被排斥，或造成大團體分化對立。在太空中也要注意，盡量不要吃會讓人脹氣的食物。

不幸的是，人類可不是太空棲息地裡唯一的生物。即使時至今日，太空船上仍然有黴菌跟細菌等微生物，只要達到一定程度就會發出霉味，有些則會使人過敏，甚至生病。運作不正常的設備也會發出難聞的氣味，比方說 2002 年，國際太空站上的清潔設備故障，產生一種惡臭，逼得部分區域的人員不得不撤離，直到問題解決、空氣淨化為止。

嗅覺作為一種早期預警系統，可讓你發覺設備外洩的氣體或其他不該出現的怪味。然而在微重力環境下，許多人的嗅覺會變差，部分是由於鼻道阻塞所致。好處是你對於難聞氣味比較不敏感，壞處是你對於香氣、有危險的氣味，以及味覺同樣會變得比較不敏感。嗅覺是產生味覺很重要的原因，所以嗅覺變差也會影響味覺。

溫度

環境溫度是影響舒適度的一大因素，只要超出我們極為狹窄的舒適範圍，就會造成極不舒服的感覺。除了你睡覺的艙房以外，你大概沒辦法控制太空船裡或太空中其他地方的環境溫度；由於每個人喜歡的溫度不同，恐怕沒辦法讓大家都滿意。倘若氣溫過高，你可以選擇穿上比較輕薄的衣物；但是熱到某種程度，你就會開始流汗、口渴，必須更頻繁地清潔身體。在太空中喝水跟用水清潔身體，可不是什麼芝麻小事，因為水在太空中是很寶貴的資源。

就如同在地球上的情形，你在太空中身處的環境會決定太空棲息地如何控溫。在低地軌道、月球上以及距離太陽比地球更近的小行星或彗星上，太陽會提供免費的加溫效果。當然，倘若位於這些地方的太空船跟棲息地，無法遮蔽陽光直接照射，或是無法人工冷卻，溫度就會高到令人無法忍受。在這種情況下，空調就會耗能；倘若船上用來產生能量的燃料不是可再生能源，代價就會十分昂貴。國際太空站由太陽能板提供動力，因此沒有控溫問題：即使太空站每隔45分鐘就會經歷一次酷熱跟酷寒的日夜循環，太空站上的氣溫仍然能夠保持只有一至兩度波動的恆定狀態。

　　溼度與太空棲息地的氣溫息息相關。溼度是空氣裡的水蒸氣含量相較目前溫度與壓力下的空氣能夠含有最大量水蒸氣的比值；空氣中的溼度太高或太低，都會讓人覺得不舒服。溼度太低，皮膚會粗糙乾燥；溼度太高容易發汗，黴菌也會長得很快。雖然人類在某個相對溼度範圍內會覺得比較舒服，不過並非每個人都一樣。

無聊與士氣

　　你在太空旅行，好棒喔！然而過了幾個星期，當初為此行做準備、發射升空、體驗微重力、身處在新團體、太空船上的高科技，以及太空中不同景物之美，你對這一切的興奮會漸漸消退，士氣也會跟著降低。這段期間，你跟同行夥伴會開始產生一連串複雜的人際與團體互動，有些互動是正面的，有些則否。有時候團體成員會對彼此的一舉一動了然於心，只要你一起身或開口，他們就會對你「未審先判」。拜爾德上將在《獨自一人》裡寫道：

> 「兩個男人彼此了解，用不了太多時間；無論他們是否有心如此，最後一定會變成這樣。因為每天完成最簡單的例行公事之後，他們沒別的事情可幹，就只能打量彼此。他們這樣做既非故意，也不帶惡意，但到了某個階段，就再也沒有什麼事情是對方不知道的。你自己還沒想清楚，別人已經猜到你在想啥；你覺得很寶貴的點子，他人看來不過是敝帚自珍。」

　　這段話沒有性別歧視，因為拜爾德的夥伴全都是男性。若以其他封閉團體為例，大概數個月之內人們就會開始覺得無聊。你一定曾有看電影覺得無聊的經驗吧？但那種因為情境而產生的無聊反應，並不是我們討論的範圍。你在太空的長途旅程中，很可能要面對漫長的無聊，症狀如下：

- 覺得時間過得有夠慢（這種情況有時稱為「主觀時間」，下段會詳加探討）。
- 覺得疲倦想睡。
- 無法擬定計畫或努力達成目標。
- 花很多時間去思考自己的人生。
- 開始痴心妄想。
- 幻想，作白日夢。
- 容易衝動。
- 嗜睡。

　　無聊比你以為的還危險。由於無聊而導致的白日夢、幻想、衝動行為，可能會很普遍，導致大團體所不容，甚至會產生危險性的行動或舉止。舉例來說，你可能會幻想到太空船外頭，體驗一下「太空」聞起來是什麼味道，那怕只要一分鐘都好。這當然是不可能的事，而且這種心血來潮的「船外放風」，是絕對被禁止的。

　　慢性無聊經常源自刺激或變化不足。若要解決像是太空船這類環境裡的無聊問題，除了必須設法提供變化多端、有趣的活動，最重要的是得要有意義。舉例來說，假設你在旅程中已經完成27款你想玩的電腦遊戲，這時候要你再玩一款，你就會覺得沒意思。但若是讓你做一項能夠對團體有所貢獻的計畫，鐵定可以消除你的無聊感。至於舉辦主題派對、音樂會、演出戲劇或喜劇等等活動也能夠化解無聊，這些活動在南極大陸十分受到歡迎。獲准到太空船外頭漫步，或是當你需要修復被撞壞的天線時，也一定能化解你的沉悶。唯一的麻煩是，許多太空人發現在外頭自由飄浮的感覺極佳，任務控管人員經常得要費盡唇舌才能把太空人叫回來！

　　許多感到慢性無聊的人總是深陷在其中而無法自拔。船上必須要有個受過相關訓練的人，能夠看出人們陷入負面精神狀態或產生心理疾病的行為徵兆，在他們產生危害自己甚至危及整趟旅程的行為之前，幫助他們解決問題。

　　無聊跟士氣的相關問題非常重要，負責控管平民太空旅行的太空機構一定會要求所有人在太陽系內旅行時，必須做點事或上些課程。適度指派工作，對於維持太空人的士氣相當重要；倘若要避免人們產生無聊感，或是至少把無聊感降至最低，還真的沒有比工作更適合的選項。建立能夠維持心理健康與穩定性的日常公事，其重要性同樣不言可喻。倘若這是未來太空旅行的運作模式，我建議你在自己擅長的領域跟興趣，以及你所能獲得的工作[4]跟教育機會裡，找到一個真正令自己滿意的「位置」。

　　運動也是對付無聊感、促進心情愉快的法寶。太空船上會有各式各樣的有氧運動設備跟重量訓練器材，可強化你的生理與心理健康。

4　我在這裡使用「工作」這個詞，含意相當廣泛，不一定跟你在地球上的專才有關。你可以利用在太空中這段期間，接受某個新領域的相關訓練，回地球後說不定能派上用場。

主觀時間

你對於時光流逝的感覺，取決於你在做什麼事情。若讀到一本好書，就算過了好幾個小時，也渾然不知時間過得這麼快；然而在陌生的地方開車，雖然可能只開了幾分鐘或幾小時，卻往往覺得好像要開一輩子似的。大多數人都很習於調整對時光流逝的感知，然而太空旅程（在潛水艇或其他孤立環境也是如此）所需時間更長，情況更為複雜危險，因此時間感也就變得更為主觀。以下七個因素與太空人時間概念產生變化有關：

- 與可能前來救援人員的距離變長（比你這輩子任何時候，都還要來得遙遠；深太空之旅時，你只能自力救濟）。
- 朝向未知的領域前進（最極端的例子是首度前往從未去過的地方）。
- 依賴自給自足的環境維生（也就是你的太空船）。
- 越來越難跟「文明世界」互通訊息。
- 你的生理、情緒與社交需求越來越依賴大團體。
- 越來越不倚靠太空船外的科技設備資源。
- 補給隨著旅程越來越少，賴以為生的資源跟享受也越來越少。

時光流逝的感覺可以慢到度日如年，一分鐘好像一輩子那麼長。你可能會開始覺得自己像囚犯。在長途旅程中與他人形同陌路的情況越嚴重，問題也會更糟糕。

衝動行為

有些常見的心理問題跟精神疾病會導致人們變得格外衝動，理論上這會造成自己以及他人的危險。就我們討論的主題來說，無聊是導致這類自發行為的最重要成因，致使人們變成尋求刺激感或新奇感的動物。此外，患有成人注意力不足過動症（ADHD）等等病症的人，也常會很衝動，其症狀包括：

- 極度容易分神。
- 做事很難有條理。
- 難以聆聽他人說話。
- 焦躁不安。
- 喜歡對別人惡作劇（有些惡作劇會造成自身、他人或太空船的危險）。

衝動行為除了惹人厭、令人敬而遠之以外，在太空中可能還會造成災難性的結果。試想倘若你實在忍不住想按下一個沒有標記的按鈕，只是想看看會發生什麼事……

思鄉

思鄉是種相當強烈的情緒，即使是經驗老道的旅人，也可能會冷不防地突然開始想家。事實上每個踏上太空之旅的人，幾乎都會落入思鄉的情緒。有時候剛啟程就會思鄉，也可能在不知不覺中慢慢醞釀而成，最後演變成與大團體永久性或暫時性脫節。以下是思鄉的相關症狀：

- 覺得寂寞孤立。
- 無由來地感到難過沮喪。
- 焦慮或恐慌發作。
- 覺得不勝負荷、事情脫離掌控。
- 易怒、無法容忍他人行為。
- 對你離開的人們感到生氣或嫉妒。
- 睡眠模式改變。
- 暴飲暴食或喪失食慾。
- 身體不適。
- 無法集中精神。
- 喉嚨、腸胃或胸部有緊縮感。
- 感官產生變化，味覺、嗅覺跟以往不同。
- 懷念「在家裡」的生活方式，常常想起家中的環境跟人們。

　　隨著時光流逝、參與活動、結交新朋友，可以解決思鄉問題。然而也有許多人反應十分強烈，變得憂鬱抽離，開始「行為乖離」，甚至酗酒嗑藥（倘若船上有的話）。不過只要有諮商人員協助，即使是長期太空任務也能免於孤單跟思鄉的問題。

抽離與孤立

　　幾乎每個人三不五時都會想要獨處一下。不過當一個人實際上避免與他人產生關聯，或是獨處的頻率及時間長短有所變化時，就值得擔心了。那些除了吃喝拉撒睡這些維生基本活動以外，半步不離開臥鋪的傢伙，還有那些從社交以及親密情緒羈絆裡抽離的人，都是即將出問題的警訊。很多情況跟精神疾病會導致人們從社交與情感上抽離：

- 廣場恐懼症（對於身在群眾之中，產生非理性恐懼）。
- 酗酒、嗑藥[5]。
- 各種人格失調，像是反社會人格、逃避型人格、偏執型人格等等。
- 憂鬱及相關失調症狀。
- 強迫症。
- 恐慌發作。
- 思覺失調症。
- 無法節制。
- 聽力或視力等感覺衰退（好發於老年人）。

　　就如同先前討論過的所有心理問題一樣，船上應該要有個接受過專業訓練、能夠及早發現這類問題並加以處理的人，以確保旅程順利成功。

沮喪及憂鬱

　　如同在南極大陸之類的孤立環境，太空旅客應該也會經歷一段憂鬱期。我們三不五時就會感到沮喪或憂鬱：在學校沒拿到好成績、工作考績不佳，或是跟伴侶意見不合等等。這些經驗稱為反應性憂鬱，通常頂多持續數天，等到問題解決了就會消退；這樣的事件在太空旅程中也會發生。憂鬱症被認為是嚴重的心理疾病，其症狀通常更嚴重，持續時間也更久，這種揮

5　藥物跟酒精在太空中都是違禁品，不過也有報告提及，曾有人走私上船。

之不去的沮喪感，稱為臨床憂鬱症。

　　罹患臨床憂鬱症的人，會出現各種反應性憂鬱沒有的症狀。根據美國國家心理衛生研究院統計，將近10％的美國成年人每年都會出現某種憂鬱病症；大約25％的女性以及將近20％的男性，一生中的某段期間會經歷臨床憂鬱。憂鬱除了常見於一般大眾外，對於許多太空人、潛水艇人員、在南極大陸過冬的人，以及其他孤立團體的成員來說也是家常便飯。

　　憂鬱受到各種因素與事件影響，經常禍不單行：

- 家庭遺傳病史。
- 在兒時或成年後，受到生理、情緒或性虐待，或是跟父母親分離而產生心理創傷。
- 經歷慢性、嚴重的、長久的疾病、憂慮或壓力。
- 焦慮。
- 自我形象不佳。
- 環境因素。
- 曾經歷過一段令人憂鬱的日子。
- 帶來結束感的事件，像是親友死亡帶來的悲傷感，或是結束一段感情。
- 持續未解決的問題。
- 發生意外帶來生理創傷，導致身體機能喪失，或是真的失去四肢。
- 服用某些處方藥。
- 生理上有某些轉變或罹患疾病，像是心臟病、癌症、甲狀腺機能不足、帕金森氏症等等，或是婦女生產或停經時，產生的正常荷爾蒙變化。

　　既然憂鬱的成因這麼多，專家適時介入並診斷就顯得十分重要。歸類在「憂鬱症」之下的各種精神疾病：

- 重大憂鬱症：干擾一個人飲食、睡眠、工作、學習，以及享受生活的能力。
- 輕度憂鬱症：比較不嚴重的憂鬱症，不過仍然會使人無法好好過日子或享受生活。
- 躁鬱症：心情會在極度憂鬱跟極度亢奮之間擺盪，循環週期可能長達數星期或數個月，也可能在一天之內迅速轉換。
- 循環性情感症：一種輕微的心情循環症狀。
- 季節性情緒失調：又名「冬季憂鬱」，通常與日照時數減少有關。

　　憂鬱症能有多深刻，從小說家威廉・史提隆（William Styron）筆下便可窺知：

「人在憂鬱時，根本不相信最終能得到救贖或復原。那份痛苦是如此無情，而你心知肚明過了一天、一小時、一個月或一分鐘之後，仍然無可救藥，這使得情況更為難捱。就算稍有堪慰之事，也只是一時好過，後頭只有更多的痛苦等著你。粉碎靈魂的，與其說是痛苦，毋寧說是沒有希望。」

　　有些罹患憂鬱症這類精神疾病的人，他們展現出來的症狀會跟其他罹患相同病症的人完全相反，這使得情況更為複雜。比方說有些罹患憂鬱症的人體重會增加，有些人則會下降；有些人無法入眠，有些則睡得太多。此外，許多患者會出現許多症狀，有些人卻幾乎沒什麼症狀。以下是最常見的憂鬱症狀：

- 易怒、焦躁不安（通常是最早出現的徵兆）。
- 感到悲傷、焦慮、空虛、無望、悲觀、有罪惡感、無助、沒有價值。
- 對於性、嗜好、朋友或其他曾經感到愉快的事物失去興趣，並開始抽離。
- 失眠、嗜睡、早醒。
- 疲倦、頭痛、慢性疼痛、消化失調，以及其他非一般療法引起的生理症狀。
- 食慾喪失導致體重下降或食慾大增導致體重上升。
- 開始有自殺的想法。
- 出現精神異常狀況。
- 衛生習慣改變。
- 行為改變。

　　在上述憂鬱疾病列表裡，有項是躁鬱症，這種心情失調的情況是可以治療的。躁鬱症的主要特色是躁期（或狂亂期）跟鬱期交替出現。即使經過篩檢，太空船上還是可能會有人罹患某種精神疾病。躁鬱症患者常見症狀為：

- 有優越感。
- 精力明顯提升，比較不需要睡眠。
- 性慾增加，有時會到放蕩的程度。
- 過於易怒，有侵略性。
- 極為興高采烈，或是覺得兩個風馬牛不相干的東西之間「有關聯」。
- 思緒跟說話速度加快。
- 想法很浮誇，比方說自覺解決了人類一大難題。
- 判斷力跟社會行為變差。
- 濫用藥物。
- 覺得那些狂亂行為背後「乃是出於天意」。
- 出現精神異常行為與思維。
- 否認問題存在，對自己有問題的行為欠缺反思。

　　罹患躁鬱症的人，有時會同時出現狂亂跟憂鬱的症狀，稱為混合狀態或是混合狂亂。由於躁鬱症患者有憂鬱的「落寞」面，也有採取危險自毀行為的精力，因此他們比較容易濫用藥物，自殺的風險也比較高。

悲傷

　　倘若你要進行長途太空之旅，悲傷是另一種你要有心理準備的情緒。也許你整趟旅程都不需要面對悲傷，但有備無患。悲傷感一旦來襲可能會難以抑止，比方說你得知小孩去世了、伴侶鬧離婚、老媽閃到腰、摯友墜落山崖如今半身不遂，而你卻在天涯海角，六個月後才能回家。只要一想到你無法在場幫忙、提供慰藉或接受別人安慰，或是跟親朋好友分享你心中的哀傷，就會使你的悲傷感雪上加霜。

悲傷感與你在面對不想要的改變時，所做的生理、情緒、認知與社會調整有關。悲傷的人們通常會經歷伊莉莎白・庫伯勒羅斯（Elisabeth Kübler-Ross）提出的五大調適階段，不過並不一定會按照下列順序出現：

- 否定：「這不是真的，他們不會就這樣走了！」
- 憤怒／怨恨：「不公平，都是他們的錯，才會淌這趟渾水。」
- 討價還價：「上帝，求求祢，只要能讓他們活過來，我會改頭換面。」
- 沮喪：「他們走了，任何人都無能為力。」
- 接受：「我不會忘記他們，但日子得繼續過。」

人們經常會在前四個階段來回擺盪，最後才不得不接受。度過悲傷的方式，依文化及個性而有所不同。有些人習慣自己躲起來處理悲傷，不會輕易表露情緒，有些人則是從小被教導不要隱藏自己的情緒。我們以太空人弗拉迪米爾・德祖羅夫（Vladimir Dezhurov）為例，他母親在1995年死於癌症時，他人在和平號太空站上，還要過兩個星期任務才結束。他不但無法返鄉跟家人一起哀悼，其哀傷的心情還因為同行人士的好意而加劇：諾曼・薩加德（Norman Thagard）像一般美國人會有的反應一樣，安慰德祖羅夫，然而這對俄國人來說卻是令人嫌惡的舉動。在這種情況之下，懂得尊重文化差異非常重要，不過你也應該要了解，其實不必獨自走過這段悲傷過程。

第三季現象

有過長途孤立旅程經驗的人數已經足以歸納出以下結論：大多數的人在長途旅程中，會經歷一段士氣明顯下降的過程；若把旅程分成四段，通常會發生在第三段，因此有「第三季現象」之稱。奇怪的是，無論旅程長短，都可能會有這個現象，其徵兆包括壓力升高、團體不合、人們產生破壞行為。

在這個時候，人們通常不會陷入憂鬱之中，但是對這趟探險的心態會從興奮不已轉變為厭膩，思鄉情緒越來越重，無聊感跟睡眠問題也會跟著增加。這個階段通常會在旅程即將結束時消退，人們這時會開始期待回家之後的正面經驗。一般來說，在返鄉之後六個月內，第三季現象所產生的低潮期，就會被忘得一乾二淨了。

遵循規範

太空是人類曾經造訪之處，最具敵意、最有挑戰性，也最為無情的環境（探索過深邃洞穴或是攀登高山的人們可能會有不同看法）。想要在太空中生存，就必須要為太空船內以及在太空中其他地方，建立一套每個人都必須嚴格遵守的行動跟行為準則。在太空中違反規定可能會造成災難性的後果：受傷、死亡、太空船或棲息地受損，甚至完全摧毀。

我們都知道人們對於規定跟規範的反應各有不同。個人在太空中願意遵循規範的程度也有可能不一樣。當然，某些有軍事化氛圍的太空旅程會以非常明確的方式發號施令，並且要你使命必達。其他的太空旅程則可能會對船上規定以及乘客反應睜一隻眼閉一隻眼。

　　任何太空任務都有其危險性，因此有時太空船的船長下達的命令，必須要立刻全然遵守，毫無質疑空間。軍人很習慣這種運作方式，平民卻會感到渾身不自在。太空旅行攸關生死，因此你得要學會遵守許多規則，這些規則是為了確保你跟他人的性命安全才制定的。話雖如此，船上還是會有人出現精神壓力或疾病症狀，導致他們違反規定，進而危及他人安全。因此同行至少要有些接受過相關訓練的船員，並配備各種基本安全機制，在最壞情況下能夠減少死傷跟破壞程度。比方說只有在兩人同時操作時，才能打開氣閥；未經授權的人員無法操作控制船上環境的電腦；當太空船有損傷，或是有人試圖進入船上禁區時，感應器就會發出警示音。太空船上將會配備無數的感應器跟攝影機，以供船員跟地面控制中心監控船上所有活動。這是剝奪隱私嗎？確實，但你只能隨遇而安，因為這是為了你自己跟其他旅客的安全著想。

PART III

盡情享受太空生活

⑨　不同旅程的獨特體驗

太空攝影

當你身處在太空，幾乎可以確定拍照會是項非常重要也最常進行的活動。我認為到時候在太空中會有三種相機可供使用，拍攝靜態照片或動態影片都可以。第一種相機是平板電腦或類似裝置，你只要能按鈕就能拍照，也可以用語音控制，或是用自拍棒操控。史上第一張太空自拍照早在1960年代就出現了（圖9.1）！當你身處在太空船或棲息地外面拍照時，平板電腦會比手機好用，因為前者觸控螢幕比較大，即使戴著笨重的手套也能準確按下「按鈕」。

在太空中可使用的第二種相機，跟現在的傳統型高階CCD數位相機有點像。這些相機的鏡頭比平板電腦大，因此你能夠靈活地變換焦距，然後拍下高解析度影像。

第三種是立體相機或3D相機。我們雙眼看東西的角度略有差異，因此可以為大腦提供必要資訊，判斷我們跟所見事物的相對距離；也就是說只要雙眼視力良好，我們所見的任何事物都是3D成像。若是用兩個距離跟雙眼間距差不多的鏡頭，同時拍下兩張照片，然後透過特製的觀景窗，左眼對應左邊的影像，右眼對應右邊的影像，大腦就可以把兩個影像合而為一，我們也就能看到3D影像。

　　能夠同時拍下兩張照片的立體相機，是1833年由查爾斯‧惠斯通爵士（Charles Wheatstone，1802-1875）發明問世。當我們從立體觀景窗、有色眼鏡、偏光眼鏡，或是較先進科技，一隻眼睛各看到一個影像時，經過大腦處理之後，就會看到3D景深。你若曾經用過虛擬實境眼罩（例如View-Master）或看過3D電影，就會知道一般2D照片跟3D影像的差別有多大。我從1960年代就開始拍攝3D靜態影像，不得不說，3D影像科技有其價值所在。

　　無論用的是哪種相機，在太空中都會面臨數個潛在問題。首先是太空船跟棲息地外的溫度變化很大：相機能夠承受的最高溫度為攝氏107度（水的沸點也不過攝氏100度），最低溫則是

圖9.1：太空人伯茲‧艾德林（Buzz Aldrin）在1966年於雙子星12號自拍。他在2014年發推特說：「你知道我在1966年的雙子星12號任務期間，拍下史上第一張太空自拍照嗎？這就是天下第一自拍啦！」

NASA

攝氏零下184度；然而從太空船、太空站或棲息地裡頭走到外頭，短短數秒內便有超過攝氏175度的溫度變化。相機或平板電腦的所有部件，都必須能承受如此劇烈的溫度變化。

另一個問題是，穿透相機的宇宙射線會在影像上留下條痕。這是由於宇宙射線穿越數位相機時，感光元件會如同正常光線照射時的反應，於是形成條痕。可用電腦軟體後製，讓大多數的條痕看來較平滑，不然就是每次拍攝時都迅速地連拍三張，雖然每張照片上頭都會有條痕，不過宇宙射線每次的成像通常不會一樣，電腦軟體能夠利用其他影像裡沒有瑕疵的區域，藉此遮蓋並去除條痕。

次軌道飛行

搭雲霄飛車跟次軌道飛行相較之下根本不算什麼。當你初次體驗到火箭加速，上升進入太空時，心中會五味雜陳。隨著一股力量突然把你重重地壓向座位，你會浮現出各式各樣的想法跟感受：

　　噢天啊，真的要上太空了！
　　一切都按照計畫進行嗎？
　　要是出狀況怎麼辦？
　　我等不及要上太空了！

最後一句話點出了精髓。你這趟太空之旅的每一階段、每個事件，對你來說都是嶄新獨特的體驗，因此盡情享受當下，是讓你能夠記得每件事的最有效方式，對所有太空旅行來說皆是如此。別去擔心接下來會怎樣！倘若旅程一切順利，你越能好好體驗每一刻，就越能夠跟他人分享這份經驗，未來也越不容易忘記。比方說在火箭升空階段，你就盡情地感受那股把你壓向座位的力量吧！試著移動一下身體、感受震動、聆聽無線電裡的對話。這時候你的所有感官（可不只五感）會全力運作，盡可能收集資訊，保證值回票價。

倘若火箭升空時，你有注意聽無線電通訊，或是看著螢幕上的飛行時間表，就會知道火箭的「燃燒」階段什麼時候會結束。從熄火開始3.5到5分鐘左右，你便身在卡門線上方的拋物線路徑上，並且處於失重狀態。在這短短幾分鐘內，你將獲准鬆開綁帶、離開座位，在機艙內飄浮。

有件事情你一定得做，才能夠使這趟旅程格外令人滿足：去窗邊看看地球。所有人都說，從太空看見地球不但令人屏息，而且會產生深遠的影響。你會看到各個大陸大部分的地區，應該還能夠指出數個城市的所在。倘若家鄉在視線範圍之內，你也會想要找出家鄉。努力地盡情觀看吧！你搭乘的太空飛機極可能有非常多窗戶，讓所有人想從什麼方向望出去都行；太空旅行公司可能還會規定每個人在每扇窗前只能停留一分鐘，就得換到另一個角度的窗子。你看到的那些影像將會讓你終身難忘。

倘若你是在夜間進行太空旅程，就會看到不同國家甚至不同大陸的各個城鎮同時綻放無數燈光。這會給你一種地球人類息息相關的感覺，跟你在地球上感受到的全然不同。當你以整體觀看待地球時，文化、區域、派別、國籍、語言的種種差異，似乎都微不足道了。

　　往窗外看這件事，很有可能會花掉你失重飛行的所有時間。太空飛行公司可能會在微重力環境裡，安排一些花不了幾秒鐘的活動：

- 體驗在太空中的本體感覺有多困難，比方說叫你伸手去拿某個東西。
- 讓人們從不同方向望向彼此，看到嘴上眼下的人臉還蠻「有趣」的。
- 讓每個人短暫地沿著身體垂直中線，或是以腹部為軸心，不停旋轉。
- 試著在微重力環境下，抓住朝你而來的食物。

　　對某些旅客來說，太空性愛是一大賣點。不過只要在次軌道飛行中還穿著太空衣，就僅限於親吻以及愛撫，不太可能進一步親密接觸，因為處於微重力狀態下只有大約四分鐘，連脫衣服都來不及。即使你穿著便服或甚至不穿，想要在次軌道飛行期間成功性交的可能性還是不高。首先，在升空期間承受的G力強度可能會影響男人迅速勃起的能力；即使能夠勃起（也許在行前吞顆威而鋼），要在微重力狀態下交媾也極為困難。由於沒有重力拉住你，每當你想要朝對方施力時，結果都會和性伴侶飄離。

　　如果非得在微重力狀態下來場快速性愛，基本上有兩個辦法。第一個辦法是在太空飛機上挑個位置，裝上各種握把、捆繩或綁帶，你跟你的性伴侶就可以利用這些東西保持緊密接觸。第二個辦法是你們兩個都飄進一個大袋子裡，或是改用不會讓人感覺太幽閉的網袋，這樣就能靠緊彼此。不過無論採取哪種辦法，喪失本體感覺都會造成麻煩：你當然不想在伸手撫摸伴侶身體時伸過頭而戳到對方吧？就跟人生中的許多事情一樣，最好的準備方式就是在地球上反覆練習。

　　一旦次軌道飛行性愛變得可行（也就是說不需要穿太空裝），很多公司肯定會開始設計相關產品，讓太空性愛更容易、更有樂趣。不過有個問題你最好放在心上：太空飛機的空間都不大，因此倘若你想保有相當程度的隱私，可能必須包機，還得在駕駛員身後架起一道屏風。

　　此外還有安全問題。一旦飛機進入拋物線軌道（這時沒有動力），飛機的行徑路徑以及你處於失重狀態下的時間是固定不變的。你可能只有4分47秒的微重力狀態，等機翼一碰觸到大氣層，人就會立刻落至機艙地板。倘若你或是你的伴侶正在接近高潮的邊緣，卻碰上必須回到座位的時候，一定會極不願與對方分開。如果太空飛機減速太快，也可能會導致嚴重問題：施加在你們身上的力量，可能會使你們受傷。

　　無論有沒有進行太空性愛，回到地球都將是另一段獨一無二的太空旅行體驗。當太空飛機升高到飛行最高點（頂點）時，由於發生在失重狀態期間，你可能對此毫無所知。太空飛機接著會開始下降，回到大氣層；在飛機進入越來越濃密的空氣時，空氣對機殼以及機翼產生的摩擦力就會開始減緩飛機下降的速度。由於你飄浮在空中，因此並不會跟著飛機一起減速，而是往朝向地球的那一面機艙壁落下。這時候你就會收到指示，要你返回座位，並綁好安全帶，因為過不了幾分鐘，就會開始大幅減速，在飛機進一步穿透地球大氣時，再度把你重重地壓向座位。

　　太空飛機朝地球降落，就如同太空梭一樣，是一段沒有動力的滑翔過程。飛機的機翼會負責讓飛機緩速，然後駕駛員或機上電腦就能導引飛機返航。機上可能有一些備用燃料，以便出現預料之外的強風或其他天氣因素時，能夠緊急修正航道。

　　飛機下降時，進入大氣層的角度可能不大，如此空氣摩擦力所產生的熱才可以分散到機翼底部跟機身表面，增加飛行時間，下降的速度也會變得更慢。在接近地球的過程中，你向窗外望去，眼前景象從地球的大範圍景色，逐漸變成細節：都市、城鎮、農場、道路、車輛等等事物。這會再次加深你在太空中的印象：地球以及其上萬物，全都屬於宇宙的一部分。

　　太空飛機會以滑翔方式降落，接著飛機牽引車就會把飛機拖回航站，你便能跟親朋好友團聚，開場接風洗塵的慶祝會。

軌道飛行或更遙遠的目的地

　　與次軌道飛行相較之下，升空進入地球軌道需要更有力的火箭。你會搭乘功能齊備的火箭前往太空站，和現今所有前往國際太空站或太空站以外目的地的太空船一樣。如同先前提及，火箭大約只需要八分鐘就可以抵達約一倍卡門線高度的初始軌道。只要不是次軌道飛行，大部分要前往地球軌道之外的太空旅行都必須先抵達某個環繞地球的太空站。唯一例外是基於技術理由，必須立刻啟程脫離初始低地軌道，比方說前往月球的阿波羅號任務便是如此。

　　你在進入低地軌道時所經歷的加速度，會比次軌道飛行任何時候來得更大。試著感受一下這麼巨大的加速度會對你的身體造成什麼影響，還蠻有趣的；你可以在承受高G力的升空階段，試著抬起手臂或大腿。火箭外部通常會安裝攝影機，讓你能夠在升空時，看到地球離你遠去的即時影像。現在只要上YouTube搜尋，就可以感受一下這樣的景致有多麼令人興奮；然而這完全不能跟你身處在太空船內、感受火箭上升、身歷其境的體驗相提並論。

　　上升進入軌道的過程涉及數個點燃火箭的階段，每個階段火箭都會投棄用過的硬體。你在經歷這幾個階段時，可能會覺得自己從地球的束縛中解脫。當火箭飛得越高，行進方向也越為水平；解脫的感覺會越來越明顯，直到跟地球平行飛行、速度也快到足以在軌道停留。

　　次軌道飛行時，一旦進入失重狀態，太空飛行公司就會鼓勵旅客盡快離座，盡情體驗；但是當你在火箭發射進入初始低地軌道時，太空飛行公司卻可能會要求你繼續綁著安全帶。為什麼呢？倘若一切順利，助升火箭數分鐘內就會讓太空船從低地軌道盤旋而上，抵達目的太空站，不到六個小時便可與太空站接泊。然而倘若航班因為技術問題而延誤（這種事確實有機會發生），在工作人員解決問題時，你就可以解開安全帶，在低地軌道上自由飄浮。

　　無論太空站是你的目的地，抑或只是中繼站，當太空船與太空站接泊時，你一定會體驗到微重力狀態。如果到時候還沒研發出有效又不會令人昏昏欲睡的抗太空暈眩藥物的話，頭幾天你可能會覺得不太舒服。在繼續動身之前，你也許可以留在太空站上（取決於後勤狀況），直到太空適應症候群消退。倘若那時候已經有可以預防或消除症狀的藥物，那麼適應微重力環境肯定會輕鬆愉快許多。話雖如此，在這段期間內，你仍會經歷第六章描述的那些生理調適過程。不過在轉換期結束之後，好戲就要上場！

　　在太空飛行的過程中，地球景致十分動人（圖9.2）。你的飛行高度會比次軌道飛行高出許多，視野也會更加寬闊動人。跟次軌道飛行的不同之處在於，你還有機會看到地球上每個地方的日夜景象。你可能還會想要在觀賞時發個即時動態，畢竟地球上很多人會想知道你有何見解。或者你會想記錄自己的心情，在稍後的旅程或是回家之後，發表於部落格。

　　無論你前往哪個目的地，每趟太空旅程都會有各種有趣好玩的微重力相關活動。每件你在地球上做過的事到了太空都會

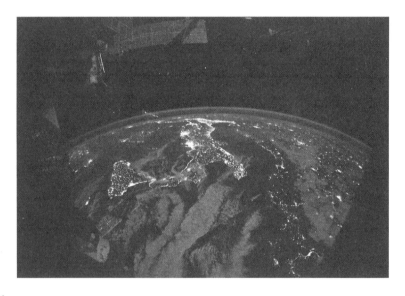

圖9.2a：從國際太空站的旋轉觀測台拍攝義大利、亞得里亞海以及愛琴海東岸諸國的夜景。

NASA

變得全然不同。

在太空中進食

我們在第六章討論過，在太空中飲食跟在地球上差異頗大。太空食物的色香味都稱不上讓人食慾大開，不過在太空中吃東西蠻好玩的。例如：

- 食物會飄浮在你面前，你可以用手把食物抓來吃，也可以傾身向前，以口就食。
- 可以把食物放在容器裡，再把容器放在頭上，這樣你就是把食物「抓下來吃」，而不是拿起來吃。

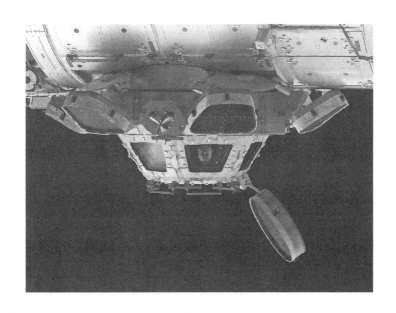

圖9.2b：國際太空站的旋轉觀測台，用來觀測地球。

NASA

- 朋友可以輕輕地把食物擲向你，讓你一口接住。
- 你可以把液體擠在在第六章描述過的特製杯子裡，就算把杯子上下顛倒，裡頭的飲料也不會灑出來。
- 你可以用那些特製杯子喝飲料。
- 你可以在食物上狂灑調味料，量多到你在地球上無法想像的程度。

　　另外，在太空上像是鹽、胡椒、糖、辣椒粉等等粉狀調味料，都會以液態提供，這樣你才不會不小心吸入，或是眼睛沾到在太空船裡四處飄浮的粉塵。所有平常會切片的食物都會重新處理，以免產生碎屑，不然就是用替代品。比方說一般麵包會有麵包屑，因此會以比較沒有碎屑的玉米薄餅取代。

在微重力環境下移動

　　太空適應症候群消退之後，適應微重力環境的過程就會變得相當有趣。你在微重力環境之下一旦停止移動，就會維持在原地不動；換句話說，倘若你在房間中央，與任何表面都有段距離，你停止移動時，就會懸浮在半空中。同理，倘若你飄浮在半空中，有人轉動你的身體，無論是沿著身體中線還是其他部位為軸心，你都會轉個不停，直到有人幫你停下來，或是等到你撞上東西為止。在微重力環境下探索「角動量守恆」特別好玩。角動量是你因為旋轉（沿著身體中線轉）或繞轉（繞著某個東西轉）所產生的能量衡量標準。角動量是一種守恆的物質性質，只要物質的旋轉或繞轉沒有受外力影響，就不會產生變化。這表示一旦在微重力環境下，因為旋轉而產生了某種程度的角動量，除非你撞上某個東西，或是有人把你抓住，不然角動量永遠都不會改變。

　　溜冰是在地球上角動量守恆最好的範例。舉例來說，奧運溜冰表演時，選手經常會不時把雙手跟一條腿往外伸，然後開始旋轉；他們一收回手腳，角動量守恆就會使他們越轉越快。你在微重力環境下也可以試一試，比方說雙手握著重量相等的東西，把手臂往外伸，請別人幫你沿著身體中線開始旋轉，然後把兩條手臂慢慢地往內縮，旋轉速度就會變快；你手上握的東西質量越大，最後旋轉的速度也越快。如果想要慢下來，只要把手臂往外伸就成了；如果想停下來，就得有人把你的身體抓住，而他們自己也必須抓住某個可以固定的東西，不然會隨著你一起旋轉。

　　另一種在失重狀態下探索角動量守恆的方式，是把手臂高舉過頭，雙腿則往下伸出，就好像你雙手高舉站立一樣；然後找個人轉動你的身體，讓你的手腳繞著腹部開始旋轉，就像是平放在桌子上旋轉的筆一樣。接著你慢慢收回手腳，手腳距離旋轉軸心越近，身體旋轉的速度就會越快。

　　在微重力環境下另一項有趣的體驗，就是像超人一樣在空中飛：你用雙腿在牆上輕輕一蹬，就會飛越房間。除非你已經很習慣這樣做，不然蹬牆的力道不應該太猛烈，因為即使在微重力環境下，你的身體仍然具有線動量。線動量是物體沿著直線移動時，衡量帶有多少能量的標準；即使在微重力環境下，你的線運動仍然跟身體帶有多少能量有關，因此倘若你到達對面牆壁時，移動速度太快，手臂就會來不及提供緩衝，可能會受傷，或是對你一頭撞上的任何裝備造成嚴重損害。一開始一定要慢慢練習，才能逐漸掌握最舒適又好玩的飛行速度。你的親朋好友若逮到機會，一定很希望能跟你視訊，想像一下他們跟其他人炫耀：「我剛才跟在太空玩的女兒（或兒子）講電話，她正飄浮在半空中，身子轉個不停呢！」

太空中的皮膚保養

美容在太空中是一大挑戰。如同先前提及，碎屑跟塵埃在微重力環境下可能會造成麻煩，因為這些東西會飄進你的眼睛裡跟肺裡，也會飄進食物跟精密儀器裡。如果在太空中剪髮或修髮，得把所有剪下的頭髮都吸乾淨，以免影響到太空船裡的任何儀器。同理，太空船上也不得使用粉狀化妝品，不過可使用乳膏狀的化妝品。另外值得一提的是，在微重力狀態下，即使是沒掉的頭髮也會四處飄逸，形成很有趣的畫面（圖9.3）。

太空中的天文觀測

即使你在前往太空之前，對於天文觀測沒什麼興趣，然而一旦有機會利用太空站、太空船，或是目的地的大型望遠鏡，觀測月球、各大行星以及其他星體，很可能會讓你改觀。相較於在地球上觀測天體，從宇宙觀測具有兩大優勢。

首先，太空中沒有大氣層，因此不但總是黑暗，也沒有雲朵會遮蔽視線，任何時候都可以在太空中進行觀測；而且除非被地球、月球、太陽、火星或小行星短暫阻隔視線，不然只要觀測目標本身會持續發光，你就可以隨時看到它們。即使是觀測非常靠近太陽且被太陽阻隔的區域，你也可以看到附近的恆星跟行星。切記，無論是在地球上還是太空中，一定要透過合格的濾鏡，才能觀測太陽；因為只要直視太陽幾秒鐘，眼睛裡的感光視桿細胞跟視椎細胞就會受到永久傷害，連日食的時候也不例外！

　　再者，我們在地球表面上觀測太空物體時，地球上的大氣層會扭曲物體成像。太空星體發出的光必須要一路穿透地球大氣層，才能夠抵達地面。問題是空氣不斷在移動，我們感覺到風就表示空氣在流動，這是由於各個地方跟高度的空氣密度不同所致；只要某個區域的空氣密度較低，附近的空氣就會往那個區域流動，因而形成風。空氣的密度差也會導致穿越其中的光改變方向，這跟光穿越鏡頭造成的效果完全一樣。由於空氣

圖9.3：國際太空站上的太空人瑪莎・伊凡斯（Marsha Ivans），頭髮有點亂亂的。
NASA

不斷上升下沉、左右移動，密度跟著起起伏伏，因此穿越空氣的星光路徑也會變換方向，讓我們覺得星星好像在閃爍。這就如同你在大熱天往馬路望去，會覺得路面好像波濤起伏。星星閃爍會使影像模糊，因此在地球上觀測到的影像，不如在太空中觀測到的清晰。在太空中觀測星體，完全不會閃爍。

你在太空中一定會想看一眼的有：

- 地球。
- 地球大氣裡的極光跟隕石。
- 月球。
- 太陽（必須透過特殊濾鏡觀測）。
- 火星。
- 木星。
- 土星。
- 銀河。
- 仙女座星系。
- 麥哲倫星雲。
- 獵戶座分子雲。
- 任何活躍的彗星。
- 昂宿星團以及其他疏散星團[1]。
- 球狀星團。

太空漫步

包含太空漫步的套裝行程費用昂貴許多，不過很值得考慮。稍後會探討在各個旅行目的地太空漫步的情況，現在我們

1　疏散星團是一群聚在一起的年輕恆星，少則數顆，多則上千顆，但在形成後數百萬年內便會彼此遠離；我們的太陽系可能就是來自其中一個疏散星團。球狀星團則多達數十萬顆恆星，因重力束縛而聚在一起。

所討論的太空漫步專指飄浮在太空站或太空船外頭。倘若你選擇要太空漫步，就會如同第四章敘述的那樣，出發前在水下做相關訓練。前文也有提到你在太空站上必須經歷的減壓預備過程。從事太空漫步時，你會貼上止吐貼片，避免你吐在自己的太空衣裡。你會被綁繩繫在太空站或太空船上，大概可以在外頭待上數小時。不過「太空漫步」這個詞有些誤導，因為多數時候你其實是在太空裡飄浮，根本沒走路；不過你也可能有機會真的在太空中漫步，只要穿上磁力靴，就可以在附有磁場的太空站或太空船表面上行走。外頭一定會有導引繩讓你牢牢握住。在太空漫步時，可以嘗試體驗以下幾件事情：

- 無論如何，看一眼地球總是令人記憶深刻。環繞地球時的景觀是最棒的。
- 倘若你在地球軌道，就站在太空站上，讓地球位在你正上方（換言之就是從地球上看，會覺得你頭下腳上）。體會一下抬頭才能看到地球的感受。
- 飄浮到繫繩所及範圍的最遠處，感受太空的靜謐與深邃。
- 做些簡單的機械性動作，像是用扳手轉螺絲。這樣做的效果並不好（如果有產生任何效果的話），不過看看會發生什麼事還挺有趣的。

在旅程中工作

　　有建設性的工作對於享受漫長的太空旅程來說非常重要。如同第八章所說，超出地月系統的長途旅程可能會非常枯燥乏味。即使你選擇不去做任何你平常的工作（畢竟你在度假），倘若在旅途中能夠參與一些研究，無論是對你的精神狀態，或是對於其他參與太空旅行的人們來說，都會非常有幫助。贊助太空研究的公司或機構，很可能會願意為此支付一筆費用給你。考量到在你之前上過太空的人數非常少，各個領域應該都有相關研究工作任君挑選。舉例來說，藥廠可能在進行一種可改善太空味覺藥物的「雙盲」測試。雙盲的意思是，有一半的受測者服用藥物，另一半則服用沒有醫療效果的安慰劑，而參與這項測試的人（也就是給你藥丸或貼布，並且收集測試資訊的人），並不知道你實際上有沒有服用藥物。不如就把參與測試當成是幫助人類增進對於大自然了解的無私貢獻吧！

太空性愛

性愛將成為太空旅行的一部分。1980年代中期，我在NASA位於加州莫菲特聯邦機場的埃姆斯研究中心擔任暑期研究人員的時候，某個NASA的高層人士為我們簡報當時太空探索的宏圖大業。他簡報完畢之後接受提問，第一個舉手的人劈頭就問，「可以在太空裡做愛嗎？」

他回答，「想做就做啊。」

我從沒問過我的太空人朋友，在太空中做愛是什麼情況，他們也沒人主動透露任何相關資訊。這是個「你不提我就不說」的話題，不過倘若在商業太空飛行推出後不久，部落格上開始出現「我在太空裡做愛」或是「我現在是400公里高空性愛俱樂部的會員」等文章標題，我也不會驚訝。

遺憾的是，在太空裡勃起可能會有點生理問題，不過

NASA可能知道對策。回想一下第六章談過，在微重力環境下，體內的血液以及其他體液會重新分配；既然勃起是血液流入陰莖造成的現象，那麼體液在太空裡重新分配，會不會影響到陰莖勃起的能力？答案如果為否，那當然不會有問題。倘若答案是肯定的，就必須提供男性解決勃起問題的藥物。同理，女性在性交時，陰道會分泌潤滑液；倘若在微重力環境下潤滑液的分泌量也受到影響，那麼想要有愉快的性交過程，就必須要有陰道潤滑劑。

　　只要這些「技術」問題能夠克服，你在太空中就能有充足的時間享受性愛。除了使用輔助器具幫你及伴侶保持貼合，另一個讓你及伴侶保持緊密的方法是採用彈性床單，牢牢地連接在固定的床墊上。當然，如果在太空裡尋找更適合性愛的裝置，是你想要在旅程中執行的夢幻工作。請別害羞！

返回地球

　　從環繞地球的太空站返回地球，有個選項是搭乘太空飛機。與先前描述過的次軌道飛行相較之下，這趟返鄉之旅時間較長，所承受的G力也比較大。當你進入大氣層，從改變行進方向跟速度，到最終飛機降落，肯定會比雲霄飛車還更令人難以忘懷。另一種返回地球的選項是搭乘配有降落傘的太空艙，雖然過程不會像搭乘太空飛機那麼平穩，不過你也會因此有更多經驗可以說嘴。接著我們來看看，前往不同太空目的地，你能夠從事哪些活動。

月球之旅

　　離開地球軌道，前往月球或是其他更遙遠的目的地，這段旅程可能會使你想起以前離家求學或工作的經驗。在你進入太空之後，通常需要數天才會離開地球軌道、前往月球，這是為了讓太空適應症後群產生的效應有時間消退。當太空船前往月球時，你會感覺到逾月噴射火箭點燃，把你帶離地球軌道，迅速穿越范艾倫帶，然後切進前往月球的軌道。還記得第二章提過嗎？這段旅程大約要二到三天。

　　你會覺得前往月球的旅程很舒服，因為這段期間不需要穿著太空裝。從太空船的逾月噴射火箭將你帶離地球軌道，穿越范艾倫帶之後開始算起，直到切入月球軌道的火箭點燃，讓太空船進入環月軌道，這段時間你都處於微重力狀態。看著地球逐漸遠去，月球變得越來越大顆，將會是你在前往月球途中的主要活動。當然，只有當你離開低地軌道之後，才能看見整個地球圓盤（也就是看見完整的半個地球）。到目前為止，只有阿波羅號任務的太空人見過這種景象。

　　倘若你一連觀察地球幾個小時，隨著地球自轉，你就可以看到不同的表面地貌跟雲朵形狀。然而無論你在什麼時候觀察月球，看到的永遠都是同樣的景致，因為你看到的都是同一面。換句話說，無論是在地球上還是在地月之間的太空，月球看起來好像都沒有在轉動。

　　事實上，月球會轉動，只是它的轉動速率跟它與地球繞行[2]的速率剛好完全一樣，都是每隔27⅓天轉一圈。由於公轉跟自轉同步，月球永遠都是同一面朝向地球。1959年10月7日，前蘇聯的月球3號太空船飛掠月球，拍下另一面的照片，人類才

2　我說「與地球繞行」，是因為月球跟其實並未繞著地球轉，而是兩顆星體繞著一個叫做質心的共同中心運轉。若把地球跟月球中心連成一線，這個質心就位於線上、地球表面下方1,712公里處。任何兩個有繞行關係的星體，都適用相同概念，比方說地球繞行太陽也是一樣。這種情況就類似雙人華爾滋。

首次看到月球「遙遠的那一面」，跟我們在地球上所見的內側面大不相同（圖9.4）。月球的內側面顏色深淺交錯，有表面相對算平滑的海，以及坑坑洞洞、峰峰相連的高地，然而外側面卻幾乎完全為高地覆蓋。

你一定有聽過「月球的陰暗面」，這個說法經常用來指月球的外側面，但事情並非如此。月球的陰暗面是指月球背對太陽的那一面，而外側面則是指背對地球的那一面。當我們看到的月亮並非滿月時，其實我們是看到一部分的陰暗面，但我們從來不會在地球上看到月球的外側面。只有當我們在地球上看到滿月時，陰暗面才是指月球的外側面。

當你越接近月球，會越來越忙碌。你會再度穿上太空裝，並在太空船的火箭引擎把你送入環月軌道之前回到座位，繫好安全帶。進入月球軌道的過程相當刺激，主要是因為你會環繞月球，因此就可以見到外側面，可沒有幾個人親眼目睹過！截

圖9.4：月球的內側面（圖左）跟外側面。

NASA

至2016年，只有27人曾經隔著窗戶，凝視月球的外側面。

一旦進入月球軌道，你可能會跟環月太空站接泊，讓登月車把你載往月球表面，也有可能直接跟登月車接泊。倘若你能夠從登陸車的窗子往外望去，這趟登月之旅將會是一段非常有趣的體驗；不過即使只能夠透過大型螢幕觀看，那畫面也十分壯觀。月球表面色調灰灰的，覆蓋著細粉岩層的表土（圖1.3），裡頭偶爾點綴堅硬的岩塊。月球表土十分密實，太空船可以直接登陸，你也可以在表土上行走，甚至在上頭建立棲息地。目前有群人正如火如荼地設計可供居住的月球艙房。

月球基本上沒有空氣，重力大約只有地球的六分之一，因此以現代的火箭科技，我們能輕易讓登月車安全降落在月球表面，也能夠讓軌道飛行器從月球上起飛。登月車往月球表面下降時，火箭會往下噴發，揚起許多表土。在塵土飛揚中降落會讓人感到驚心動魄，也許是因為看起來像慢動作跳水、水四處潑濺的樣子。倘若一切順利，登月車就會平穩地登上月球表面。但有些登陸車會發生彈跳，比方說在2014年67P／丘留莫夫—格拉西緬科彗星的登陸車就是如此，不過隨著科技進步，這會越來越罕見。

由於登陸時粉塵會亂噴，因此會選在離飯店稍遠的地方降落。飯店可能會蓋在地下或洞穴中，這樣入住旅客才不會受到太空碎屑跟太空輻射的侵襲。倘若降落地點太靠近棲息地，粉塵會積在入口處以及任何附近的載具上，形成越來越厚的表土殘屑。在地下的棲息地也比較容易控溫；月球白天的溫度依緯度不同，其赤道可高達攝氏120度，兩極則低至攝氏零下210度。月球在夜間的溫度，同樣會下降到攝氏零下210度左右。

　　由於降落地點跟棲息地之間有段距離,你可能得搭乘月球計程車(或是任何月球移動裝置)才能抵達飯店。你很快就會發現,無論是計程車、太空裝,還是任何在月球表面的建築物看起來都髒髒的。原因是表土塵埃大多帶電荷,也就是有靜電;這是因為太陽輻射會讓塵埃原子跟分子裡的電子離開原本的軌道,然後塵埃粒子就會附著在任何我們帶到月球表面的東西上。這些塵埃聞起來帶有燒焦的火藥味,相當不好聞。

　　或許有朝一日設計師能研發出可以有效持續抖掉塵埃的太空裝。這可不是在所有東西上面鍍一層鐵氟龍那麼簡單,不過我們還是有辦法克服這個問題。鑽研這些問題的工程師,也想出了可行的解決辦法:攜帶許多用完即丟的工作服,罩住身上的太空裝,這樣就可以避免太空裝因受到塵埃、輻射以及其他殘屑撞擊,而產生結構老化的現象。你的頭盔面罩同樣可以鍍上一層供單次使用的可撕式塑膠層,類似你用來保護平板電腦等觸控螢幕裝置的塑膠膜。

　　月球上完全沒有大氣層,為它增添了幾許浪漫氣息。月球的天空永遠黑暗深邃,除了朝向太陽或地球的方向以外,總是布滿點點繁星。從沒有空氣的地方或是在太空船內看到的星星都不會閃爍,如同本章稍早討論過,星星閃爍實際上是由於地球大氣層擾動所致。

　　月球表面在白天時會被陽光照得很亮,到了夜晚就一片黑暗。不過散射到地球上的陽光,會為月球朝向地球的陰暗面提供些許光線,這就是為什麼即使不是滿月,我們也經常能看到月球內側面的全貌。

　　月球上的日夜循環跟月相一樣(新月-眉月-上弦月-盈凸

月－滿月－虧凸月－下弦月－殘月－回到新月），大約需要29.5天。表示月球上會連續有14¾個地球日的陽光，接著是連續14¾個地球日的黑暗。

從月球看日食

當月球擋住太陽時，在地球上就會看到日食；同樣的道理，當地球移動到月球跟太陽之間時，在月球上也會看到日食。在月球上發生日食時，通常在地球上是滿月，而且由於地球的陰影同樣會經過月球，有時候還會整個覆蓋，因此月食也會相應而生[3]。倘若月食期間你人在月球上，就會看到太陽移動到地球後方（要記得透過適當的濾鏡觀測）。就如同地球上美麗的日落一樣，你也會看到地球大氣泛著一層鐵鏽的色暈。

現在來想想看，在月球表面還可以從事哪些活動？

學習在低重力環境下行走

儘管你在地球上已經受過許多訓練，然而要在月球上行走，仍充滿挑戰。你在月球上的體重大約只有在地球的六分之一。無論是行走、奔跑、跳躍、彎腰，還是摔倒再爬起來，都是身體在一般地球重力之下養成的動作；然而當體重突然變輕，肌肉的反應就會跟平常不一樣。你在環繞地球以及前往月球途中，就會感受到肌肉在微重力下的反應非常不同；尤其在本體感覺也出狀況的情形下，更是雪上加霜。

如同第四章指出，你在離開地球前，已經模擬過在月球上行走的情況。倘若你是水下訓練，就會發現走在完全沒有空氣的月球上頭，跟在水裡行走或摔倒的「感覺」不太一樣。你身

3　每當滿月或新月時，並不一定會發生日食或月食，因為月球環繞地球的平面，與黃道面之間有個大約五度的夾角，因此每當新月或滿月之時，月球往往位在黃道面上方或下方一點，這時候月球或地球的陰影，並不會蓋住另一顆星體，因此不會產生日食或月食。

上穿的太空裝能增加你的重量，這會有點幫助。阿波羅任務的太空人所穿的太空裝，在地球上的重量大約是90公斤；到了月球，太空裝的重量大約是16公斤。因此倘若你在地球上重80公斤，在月球上未穿太空裝的體重大約是14公斤；如果加上太空裝，大約是30公斤。即使接受完整的訓練，第一次月球漫步時，還是需要做些調整，才能夠掌握訣竅。

研究重力定律

月球是個學習科學知識的好地方。比方說大多數人都認為東西越重，掉落的速度就越快。倘若你在地球上把一張紙揉皺，然後讓它和一枝鉛筆從同樣的高度落下，鉛筆確實會先掉到地上（我剛試過）。然而這並不是因為重力吸引比較重的鉛筆，比一張紙來得更用力，而是因為空氣摩擦力對於紙張的緩速效果比鉛筆來得更明顯。倘若沒有空氣摩擦力，一個物體的質量及其重量，並不會影響下墜速度（詳見第一章）。為了證明這點，阿波羅15號的太空人大衛‧史考特（David Scott）在沒有空氣的月球上，以相同高度，同時丟下一支鐵鎚跟一片羽毛，結果這兩樣東西同時落到地上。你可以在YouTube找到這段影片。你也可以在月球上隨便拿兩個東西做實驗。等到你漸漸習慣重力實際運作的原理，就可以進入下一階段，也就是嘗試一些在地球上會做的事，不過在月球上情況可會大不相同。

球類運動

在月球上運動的「感覺」往往跟在地球上大異其趣。舉例來說，足球在地球上的重量是0.5公斤，因此在月球上不到75

公克。若在月球上用與地球上相同的力道踢足球，球會飛得比在地球上高遠許多。同理，在月球上打高爾夫，就如同太空人艾倫·雪帕德（Alan Shepard）在1971年首度示範的那樣，會讓你比在地球上打得順手；月球上的高爾夫球場，其球道也會比地球上的長得多。不過倘若你覺得在亂草區裡找球已經很困難的話，在月球上由於靜電會吸附表土塵埃，整顆球很快就會變成灰色，這會讓你更難在月球上找到球，因此高爾夫球廠商可能會在球裡安裝微型無線電發射器，只要在平板電腦上安裝應用軟體，就能夠追蹤球的位置。

總結來說，在月球上所有跟扔球、擊球或踢球有關的活動，只要用跟在地球上同規格的球，你就必須要重新學習如何玩球，場地也要比在地球大上許多。不過如果球跟相關用具都做成六倍重，你就可以按照在地球上的方式扔球或踢球。球在月球上落下的速度，仍然會比在地球上來得慢，所以球會飛得更遠。

騎車

你在月球上也會搭乘載具，前往各個不同地點。工程師可能會設計月球專用的汽車內燃引擎，不過這些汽車使用的燃料不會是石油或天然氣，因為月球上沒有這兩樣東西。而是使用能跟液態氧一起「燃燒」的液態氫；氫跟氧都來自於月球上的水，水分離成氫跟氧之後再加以液化，分別儲存起來；需要用時再前往類似加油站的地方，把它們灌進載具裡。

在月球上使用的電動車，可以透過即將研發出來的太陽能電網充電。太陽能電網幾乎得要鋪滿整顆月球，不然無法應付每個月將近15天的黑夜期；不過只要在月球各處裝上太陽能電池，然後跟地球上一樣用電纜線連接起來，就可以隨時把電力送到需要的地方。這些載具可以讓你騎上好幾公里，造訪月球各個特色景點，這也許是最吸引你的地方。

造訪地理特徵

國際天文學聯合會是負責為太空星體以及星體上的地理特徵命名的國際性天文組織，他們已經為月球上的特殊景觀訂定了18個類別。原本有一種狹長溝渠叫做槽溝（fossa），不過現在槽溝之下的特徵已被重新分類。由於剩下的特徵類別有所重疊，我把它們整合成下列這幾個主題。以下列表是為了讓你了解月球上有何地理特徵，讓你知道哪些地方值得造訪，但並非完整的列表，否則就得再增加數百頁篇幅了。到了你可以成行的時候，不但會有造訪這些地方的專屬行程，還有機會探索先前沒人去過的地區。

● 月海

月球有兩種南轅北轍的表面區域（圖9.4）。月球表面大約有16％覆蓋相對平整、顏色暗沉的表土，一般認為該處以前有海，因此稱這些區域為月海。其他區域則是淡灰色的高地，上面有山脈，撞擊坑也比月海多。雖然天文學家與地質學家對於月海如何成形，仍然爭論不休，不過海似乎是由玄武岩構成；玄武岩是在月球成形後不久，從深處滲出的熔岩凝結而成。熔岩注入先前形成的巨大陷坑，然後就跟在地球上一樣，熔岩（還在月球或地球內部時，叫做岩漿）一旦流出，就會冷卻凝固。

我們檢視帶回地球的月球樣本，就可了解月球的過往。由美國登月太空人，以及前蘇聯的月球16號、20號跟24號太空船帶回的月海玄武岩研判，月球的年齡大約介於32億年到42億年；若是以月海鄰近的多山高地區域帶回的岩石研判，月球年齡大約介於39億年到44億年。

　　由於月海表面比月球其他部分來得更為平滑，大多數的登月車都會選擇在月海登陸。不過等到你登月的時候也許就不一定非得降落在月海。由於高地區域有更多值得參訪的地理特色，有些商用降落地點會建造在那兒。

● 月溪

　　月球上看似像乾河床的地方叫做溪，不過溪並不是水流形成的。月球就像地球一樣，可能也有蜿蜒的地下岩漿流。熾熱的岩漿流過剛固化不久、形成海的熔岩；等到這些岩漿冷卻，就會停止流動並固化。由於固態岩石密度比較高，岩漿從液態轉變為固態的過程會收縮，因此跟液態熔岩相較之下，前者所占的空間比較少，於是地下岩漿流就變成渠道。在這些渠道上方的玄武岩是固態岩石，可以支撐底下產生的空間；然而數十億年來經過來自太陽跟星際太空的粒子不斷侵襲，表層岩石被擊打個粉碎，形成粉質表土，渠道頂部因而弱化，最後撐不住便塌陷，形成看起來很像乾河床的溪。倘若有些溪的塌陷不完全，就可能會產生洞穴；在其他固化的地下熔岩流上方、還沒有形成溪的地方，也可能會有洞穴。

　　月溪另一個可能成因，是表面熔岩流最終固化收縮之後，留下蜿蜒的河谷。天文地質學家對於這兩種機制的意見仍有分歧。阿波羅15號的太空人大衛・史考特跟詹姆斯・艾爾文

（James Irwin），就曾經駕著月球車前往哈德利溪（圖9.5）；這
條溪取名自18世紀英國數學家暨發明家約翰・哈德利（John
Hadley，1682-1744）。你有可能會駕車前往某個月溪探索風光，
說不定還可以證實某些溪仍然擁有天然渠道的傳言呢！

● 陡坡／峭壁

　　月球上也有陡坡（scarp）或峭壁（rupes）等懸崖地形。
如同前面所述，當液體固化或氣體液化時，所占空間通常會比
轉化之前來得少，因此經過數十億年，月球內部熔岩冷卻固化
之後，其體積就會縮小。然而當表面固化時，內部仍然處於熔
化狀態；等到核心也冷卻固化之後，內部岩石就會變得更為緊

圖9.5：太空人大衛・史考特跟阿波羅15號的月球車位於哈德利溪邊緣。1971年7
月所攝。

NASA

密，並且在上方留下空間。然而固態表面無法跟著內部岩石順暢地收縮，表面有些部分會比其他部分收縮得更快，因此就會在收縮較快跟較慢的區域交界處，留下陡坡或峭壁（圖9.6）。這跟水果內部乾掉時，外部會皺起的情況類似。

　　月球上已知有80多個陡坡。阿波羅17號的太空人大衛‧史考特跟詹姆斯‧艾爾文，曾經歷經艱辛，駕駛月球車越過林肯陡坡跟李陡坡的交界處。屆時你能夠造訪的陡坡與峭壁，它們的地理特色可能會跟月球早期歷史相關，相當有意思。

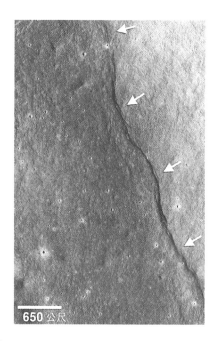

650公尺

● 風暴洋

　　由於「風暴之海」（Mare Procellarum）實在太大，因此獲得「風暴洋」（Oceanus Procellarum）之名。圖9.4中央左側的廣大暗灰色區域即為風暴洋，也是唯一大到足以稱為「洋」的月海。

● 月沼

　　月球上有三個沼：疫沼（Palus Epidemiarum）、凋沼（Palus Putredinis）跟睡沼

圖9.6：月球外側面的陡坡。

NASA/Goddard/Arizona State University/Smithsonian

（Palus Somni）；這些名稱並不真如其名來的負面。月沼比月海平坦，面積也比較小（圖9.7）。無論是月沼，還是月球表面上其他地方，都沒有液態水存在。

● 平原

平原是相對比較平坦的區域，德森薩斯平原（Planitia Descensus）是月球上唯一經過官方認證的平原（圖9.8）。相較之下，火星上有10個平原。

圖9.7：亞平寧山脈（位於照片右下方），以及阿波羅15號位於凋沼邊緣的登陸地點（箭頭處）。

NASA/University of Arizona

● 山

月球高地有很多山跟山脈，跟地球上的山不同，並非歷經數百萬年的板塊移動所造成，而是由於大塊太空殘屑撞擊表面，在幾個小時之內形成的。太空殘屑撞擊月球表面時，會使撞擊點附近的大量外層物質往外側推擠；由於這些物質無法全部往側邊移動，其中一部分就會向上堆積成山（圖9.9）。

你或許可以在月球上登山，很多山的坡度並不算陡；除此之外，即使穿著全套太空裝，你的體重依舊比在地球上輕盈很多，這也方便你爬山。大多數山的兩側跟海的表面一樣，似乎都是粉狀表土。對於某些特別陡峭的山坡可能會造成麻煩，因

圖9.8：照片上方的德森薩斯平原，是月球上相對平坦、較沒有撞擊坑的區域。

NASA

為粉狀表土相對來說比較容易滾落山坡，造成土崩。

● 撞擊坑

　　撞擊坑應該會成為許多月球旅客趨之若鶩的目的地。就天文學家所知，月球上幾乎所有的撞擊坑都是太空殘屑造成的（圖9.10a），而地球表面的陷坑大多是火山活動所致（月球上也有些小型火山的殘跡）。

　　新形成的撞擊坑有幾個重要特色：撞擊的物體越大，或是撞擊月球的速度越快，所造成的撞擊坑也就越大。當物體撞擊月球表面時，撞擊點會噴出殘屑；這跟你在地球上把石頭丟進

圖9.9：阿波羅15號所拍攝的亞平寧山脈（Apennine mountain）。照片中的白點是阿波羅15號的登陸地點，下方可見哈德利溪。亞平寧山脈位在登陸地點所在盆地上方大約1.6到4.8公里處。

NASA/JSC/Arizona State University

水裡造成的效果類似。如同先前提過，除非石頭是直直落入水面，不然落入點的水應該會濺起；然而大多數撞擊月球物體的速度實在太快，因此撞擊產生的爆炸，會使碎屑均等地往各個方向噴出，這就是為什麼撞擊坑都是圓形的。

　　自撞擊點噴出的殘屑叫做噴出覆蓋物（ejecta blanket）。比起環繞在附近的表土，噴出物的質地比較平滑，顏色也比較明亮；但是隨著時間流逝，受到太陽風以及宇宙射線粒子衝擊之後，質地就會越來越粗糙，顏色也漸漸暗沉。天文學家藉由觀察噴出覆蓋物的亮度，就可以估計撞擊坑的形成時間。噴出覆蓋物最終會變得跟周遭表土一樣暗沉，再也無法辨別。

　　撞擊坑的另一項特色是坑壁。撞擊的爆炸威力將殘屑推送到壁上，構成坑壁；粉狀岩石鬆散地擠壓在一起，因此有時候會崩落。有些坑壁結構實在太弱，其中一部分會落回撞擊坑內；比方說倘若附近又落下另一塊太空殘屑，所產生的月震就會震落坑壁上的某些表土。有些撞擊太過強烈，導致撞擊坑的

圖9.10a：阿波羅11號船員拍攝的月球撞擊坑表面。

NASA

中央區域被過度壓縮，而反彈形成中央峰或中央環，稱為複合撞擊坑（圖9.10b）。

你應該可以選擇要造訪哪些撞擊坑。無論你去哪個撞擊坑，小心別從坑壁滑下去，這不僅會損傷太空裝，也可能造成坑壁的碎屑大幅剝落，砸到在你下方的人。你或許能站在滑雪板之類的東西上，從特別陡峭的撞擊坑壁向下滑；這樣做是否可行，取決於坑壁穩定度以及表土黏度，後者會影響滑行的難易程度。

● 岬

高地與海之間的邊界常有許多有趣的地貌特色。月球上很多山會延伸至月海內，這種情況在地球上叫做岬，因此也把太空星體上相似的地貌特徵稱為岬（promintorium）。月球上已有九處地貌被歸類為岬，其中兩處是赫拉克利德岬（promontorium Heraclides）以及拉普拉斯岬（promontorium Laplace，圖9.11）。

圖9.10b：這張照片是由阿波羅16號的攝影機所拍攝，左方是船身的一部分。你可以看到西奧菲勒斯環型山的中央峰、坑壁（其中一部分已滑落到撞擊坑內），以及噴出覆蓋物，也就是顏色比四周表面略淺的部分。

NASA

● 月灣

灣（sinus）的拉丁文是指表面凹折或彎曲。月球上經常會出現類似地球海灣形狀的地形，這些灣是在撞擊坑內形成的，月球內部湧出的熔岩會灌滿這些灣（圖9.11）。

● 登月地點

對於登月歷史有興趣的人而言，太空船在20世紀跟21世紀初期的既有登月地點，將會是一大賣點。到了你可以前往月球的時候，阿波羅計畫（圖9.12）跟前蘇聯月球步行者計畫的登月地點，極有可能已成為國際地標；因此會嚴禁隨手帶走紀念品，或是踩上先前太空人留下的鞋印。另一種保存登月史料的方法，是將所有東西全部打包、帶回地球，放在博物館內保

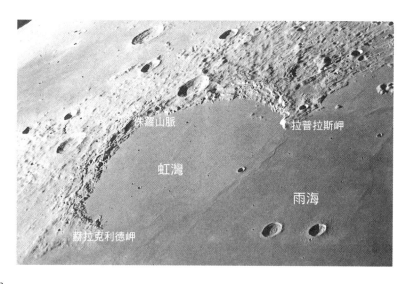

侏羅山脈

拉普拉斯岬

虹灣

雨海

赫拉克利德岬

圖9.11：虹灣（sinus Iridum）位在雨海邊界上，四周環繞始於赫拉克利德岬、終於拉普拉斯岬的侏羅山脈（montes Jura）。

NASA/GSFC/Arizona State University

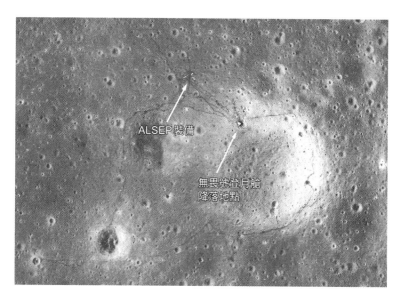

ALSEP裝備

無畏號登月艙
降落地點

圖9.12上：阿波羅12號的登陸地點，可見登月車軌跡跟太空人腳印。ALSEP是指
「阿波羅月面實驗組合」。下：阿波羅12號的太空人小查爾斯‧康拉德（Charles
Conrad Jr.）正在設置ALSEP儀器。

NASA/Goddard Space Flight Center/ASU

存，然後在原地擺上複製品，不過仍然不會允許遊客擅入。無論採取哪種做法，未來都有機會參訪這些地點。

● 月湖

　　湖（lacus）在月球上是指，倘若裡頭有液態水的窪地（圖9.13）。月球上目前有20個「湖」，其他星體上也有。

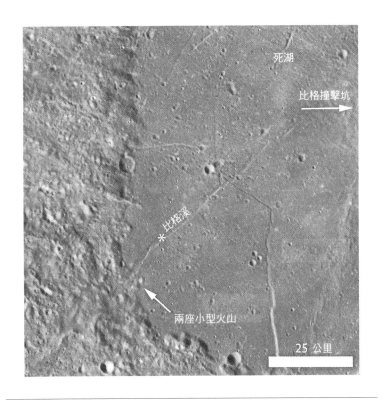

圖9.13：死湖（Lacus Mortis）的其中一部分。注意圖中有溪穿過。

NASA

● 皺脊

前文提到的月海有很多種結構，其中一種延長的土堤叫做皺脊（dorsa，拉丁文指「身體後背」）。皺脊經常成群出現、互相平行，可以延伸數百公里遠（圖9.14）。當熔岩冷卻收縮時，在海裡留下一些比周遭表面稍高的殘屑，便會形成皺脊。

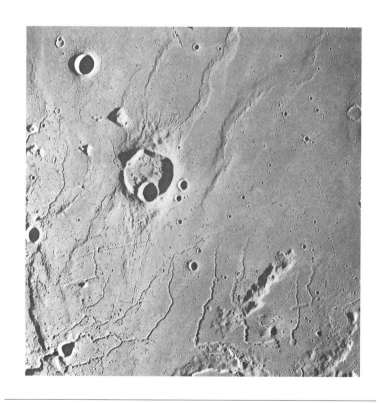

圖9.14：阿波羅15號拍攝的克里格撞擊坑，位於照片中央略偏左上方處。撞擊坑的下方有溪，上方則有皺脊。

NASA/JSC/Arizona State University

● 反照率特徵

　　月球上有些地方出奇地明亮，我們會說這些地方的反照率
（albedo）很高。反照率是入射光從天文星體表面或上方雲層，
直接被散射回太空的比率。反照率特徵則是月球表面上散射光
量跟周遭地區大為不同的區域。月球內側面有個叫做賴納爾伽
瑪（Reiner Gamma，圖9.15）的反照率特徵，外側面還有另外數
個；賴納爾伽瑪的明亮區呈漩渦狀，很有意思。反照率特徵的
成因不明，有可能是在月球另一側發生撞擊事件，導致磁場或
能量聚集在該處，水星上也有這種情形。

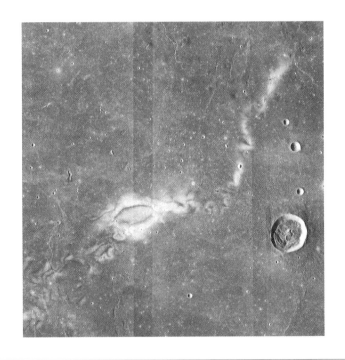

圖9.15：反照率特徵「賴納爾伽瑪」是月球內側面一塊特別明亮的區域，科學家
仍在研究其成因以及地質特性。

NASA LRO WAC science team

● 鏈坑

　　雖然月球上大多數的撞擊坑是隨機分布的，不過也有一些例外。鏈坑（catena）是指撞擊坑以近乎直線的方式排成一條，這是彗星碎塊之類的一系列殘屑以同樣的軌道行進而來，最後撞上月球所致（圖9.16）；也有人在尋找其他的可能解釋。月球上迄今已發現20處鏈坑，內側面跟外側面都有。

● 谷

　　谷（vallis）的成因很多：有些是月球表面下沉不一所造成

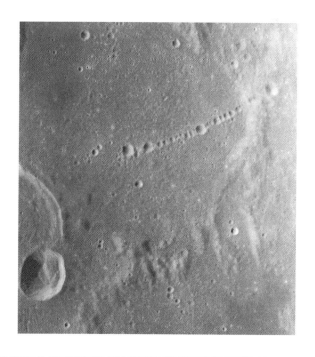

圖9.16：戴維鏈坑（Catena Davy）是位於雲海（Mare Nubium）的一連串撞擊坑，應該是同時形成的，有可能是崩解的彗星殘屑所致。

NASA/GSFC/Arizona State University

（圖9.17），有些是一串相接的撞擊坑所形成，有些則發散自大型撞擊坑，可能是撞擊事件的產物。

造訪月球地表的自然孔洞與渠道

月球表面可能有各式各樣的渠道。如同前述，天文地質學家認為，最起碼有部分月溪是地下熔岩流崩塌所致，這樣

圖9.17：月球上的阿爾卑斯谷（Vallis Alpes），有海、山脈、撞擊坑及溪。

NASA/USGS/LPI

的崩塌也可能形成洞穴。倘若這些稱為熔岩管的渠道確實存在，你就可以像探索地球上的熔岩管一樣，探索月球上的熔岩管。夏威夷、冰島、西班牙、葡萄牙以及北美洲等地都有熔岩管景觀。

　　天文學家也發現月球表面上有孔洞（圖9.18），它們可能跟在地球上的情形一樣，曾為熔岩管頂部但後來崩塌也可能有不同成因。雖然還不清楚這些孔洞通往哪裡，不過如果你下榻的飯店附近有類似孔洞，就可以去探險，說不定還能探索渠道

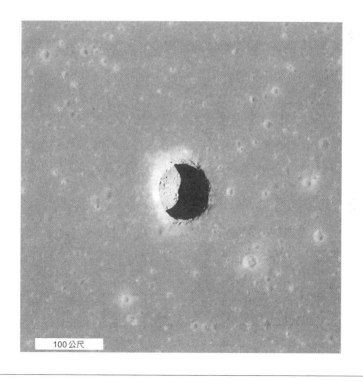

100公尺

圖9.18：寧靜海（Mare Tranquilitatis）的孔洞。目前還不知道它是通往熔岩管，抑或通往月球上另一個洞穴結構。

NASA/GSFC/Arizona State University

呢！也或者你住的飯店就建造在其中一個洞穴裡。

使用望遠鏡

除了造訪月球上的地理景觀跟歷史名勝以外，你也可以透過厲害的望遠鏡，在月球上研究包括地球在內的各個天體。目前已有計畫將研究等級的望遠鏡安置在月球外側面。月球完全沒有大氣層，可以全年觀測；但也因此不能散射光線，太陽光無法進入望遠鏡，除非把望遠鏡直接對準太陽。月球外側面還很適合置放無線電望遠鏡；一般無線電望遠鏡必須處理諸如手機跟無線電台等等地球上其他無線電來源的干擾問題，而月球會吸收來自地球的輻射，不會影響外側面。

把天文台放在月球內側面的效果不如放在外側面來得好，因為從月球上看出去，地球會是一個大亮點。此外，地球大氣層發散出來的光，會影響望遠鏡的視野。儘管如此，位於月球內側面的飯店跟棲息地都會準備尺寸適中的望遠鏡，供房客以及居民使用。通常這種等級的望遠鏡，其內部的大型聚光鏡直徑大約有一公尺；一公尺級望遠鏡的放大效果可讓你看到數以百萬計的有趣天體，保證令人屏息的驚豔影像。此外，如同先前所述，月球上沒有大氣層，因此進入望遠鏡的光線也不會閃爍，成像比在地球上看到的更銳利。

造訪月球上的專業天文台，就如同在地球上一樣，會使你對於天文研究工作，產生獨一無二的看法。這些設施裡的望遠鏡一直在運作，觀測到的影像也會即時顯示在螢幕上，因此你可能有機會親眼目睹宇宙的最新發現。

參觀水資源開採點

隨著月球逐漸開發，挖礦與生產設施也會陸續建立。第一個設立的可能是掘水工廠：月球雖然看上去一片荒蕪，不過天文學家已發現在月球表面下，多處有水冰跟含水化合物。月球兩極附近的許多撞擊坑內也已發現從未受到陽光照射的冰，估計有好幾立方公里；月球表面各處可能也有等量的分子可以合成水，這些分子也許來自富含冰的彗星或小行星殘屑。月球上的水含量似乎足以進行經濟性開採。

你可能會驚訝地發現，水在太空中的用處比在地球上還多！所有不太尋常的用法，都得先用太陽能板產生的電能，把水分離成氫（H_2）跟氧（O_2）分子；這個過程叫做電解，所產生的氫跟氧分子會個別儲存在槽裡。

有些氧可以拿來供人們呼吸；有些氫跟氧可以重新結合，用來發熱跟發電。當氫氣跟氧氣混在一起點燃時，會產生熱跟水蒸氣；在月球上，這個過程可以在熔爐之類受到嚴密控制的環境下進行，釋放出來的熱可在月夜時為棲息地加熱，或是為驅動載具發電；至於產生的水蒸氣，冷卻之後就可以飲用，或是其他用途。

點燃大量氫氣跟氧氣的混合物，並且控制所產生高溫蒸氣的噴射方向，就可以推動火箭。因此可用從水分離的氫跟氧來充當火箭燃料，供太空船降落離開月球，或是環繞月球所用。

採集月球岩石

每一枚火箭及其貨物重量（或質量），是從地球進入太空時的一大考量。總重量越重，就需要越多的火箭燃料才能飛入軌

道。因此火箭若要能順利升空，從地球載上太空貨物重量就得
錙銖必較。由於物體在月球上的重量較輕，所以無論是登陸月
球或從月球起飛的火箭，載些東西進入軌道，是符合經濟效益
的；往返地球跟月球之間的太空梭，也可以把你收集的月球岩
石，經由環繞地球的太空站帶回地球。因此每位月球旅客也許
都可以帶回幾百克甚至幾公斤的月球岩石，這也是為什麼月球
旅程會安排你參訪岩石俯拾即是的地區，好讓你自己挑幾顆紀
念品帶回家。

　　雖然地質學家已從阿波羅號的太空人帶回地球的月球岩
石，透徹研究地質特性，不過這些岩石只占一小部分，因此他
們認為月球還有更多待發掘的地質。到了你可以前往月球的時
候，地質學家已經比現在更了解月球上的岩石，你值得花些時
間精力，研究一下要收集哪些最吸引人、最有價值的岩石。在
地球上發現寶貴礦物往往出於意外，比方說1867年在南非發現
鑽石便是一例。當你造訪月球時，搞不好一腳就踩在獨一無二
的礦脈上哩！

觀測月球瞬變現象

　　過去幾百年來一直有人聲稱，他們看見月球上的某些地貌
產生短暫的變化。這些傳聞大多是說有明亮的閃光，或是五顏
六色的光芒。第七章討論的太空殘屑撞擊事件，可能是成因之
一；至於其他原因（倘若真的有發生的話）目前還不是很清楚。
要確認這類傳聞的真實性，麻煩在於它們發生的時間太短，通
常目睹的人很少。這些事件如今叫做月球瞬變現象，其中有次
特別有意思，是阿波羅11號的太空人在月球上的報告，以下是

來自NASA的部分通訊內容：

布魯斯・麥克坎德雷斯（Bruce Mccandless，人在地球上）：
「收到。如果還有時間，交付你們一個觀測工作。據報在
阿里斯塔克斯撞擊坑附近出現月球瞬變事件。請問是否
抄收？」

尼爾・阿姆斯壯（Neil Armstrong）：「收到。我們馬上前
往阿里斯塔克斯撞擊坑。」

麥可・柯林斯（Michael Collins）：「呼叫休士頓，我現在
望向北方的阿里斯塔克斯撞擊坑，但目前這個距離我不
能確定是不是該撞擊坑，不過那邊有塊區域明顯比周遭
亮很多。看起來……像帶有點點螢光。我可以看到一個
撞擊坑，撞擊坑附近的區域非常明亮。」

伯茲・艾德林：「休士頓，這裡是阿波羅11號。我也正
在觀看同一個區域，確實有點像地球反照，但我不能確
定是不是零相……呃，那裡至少有一面坑壁看起來比其
他坑壁更明亮，如果那面坑壁跟地球的相對角度剛剛好
的話，確實有可能呈現零相。那個區域確實比我從窗戶
看見的其他地方更亮。我不確定那是不是磷光，不過真
的比周遭區域更亮！」

這段討論持續大約半小時。

很多事情都有可能導致月球瞬變現象（我猜真的會發生）。
除了小型撞擊事件導致月球上殘屑飛揚以外，也有可能是月球
內部的氣體外洩，或是當月球被太陽的高能粒子侵襲時，靜電

導致某些氣體移動。既然知道這些事件可能會發生，你就比較能夠做好準備，在事件發生的當下親眼目睹，或是在事件發生不久後收看現場轉播。人們看到的月球瞬變現象越多，科學家就越能夠了解這些現象及其成因。

做愛

在月球上做愛跟在微重力環境下的感覺不同，主要是因為你在月球上做愛，可以運用和在地球上相同的技巧，然而在失重狀態下，什麼事情都不可相提並論。切記，你跟你的性伴侶在月球上的體重只有在地球的六分之一，因此你有機會用更舒服的方式，嘗試更多不一樣的體位。

前往小行星、彗星或火星衛星

離開地球或月球軌道，前往更遙遠的天體，是一段史詩般的漫漫長路。不過若是從月球啟程，你必須經歷的加速度遠比離開地球時來得低。如同第二章所述，往外的飛行軌道很可能是修正過的赫曼轉移軌道，這樣不但比較節省能量，而且相對比較快。不過不管怎麼說，這趟旅程一去就是好幾個月，我們在旅途中可做哪些事情來打發時間呢？

長途太空旅程中可做各式各樣的日常活動，許多已經介紹過了，整理如下：

- 用餐。
- 運動。
- 使用液體化妝品、美髮、刮鬍子。

- 上廁所。
- 複習飛行流程，反覆演練在一般以及緊急狀況之下該如何應變。
- 跟家鄉的親朋好友聯絡。
- 寫部落格、發即時動態。
- 寫日記。
- 上課：授課老師可能是同行旅客，也可能是地球遠距教學。
- 研究你的專業領域，或是你有興趣的題目。
- 關心地球時事。
- 如果你真的放不下，也可以繼續管理家鄉的事業。
- 做愛。
- 工作。
- 社交活動。

　　有些活動值得我們進一步探討。例如和親友聯絡，除了能夠得知新消息，也能有參與家庭活動的感覺。我們現在可以用Skype通話或是視訊；然而所有的電子輻射都是以相同的有限速度行進，因此你離地球越遠，訊息傳達的時間就越長。舉例來說，訊號在月球跟地球之間往返，單程只需要一秒鐘，然而倘若你人在地球拉格朗日點上的某顆特洛伊小行星，單程就需時4.5分鐘；因此你在螢幕上輸入一句話，最起碼得要等上九分鐘，才會得到回應。你說：「嗨！你今天好嗎？」，然後就可以去喝杯咖啡，說不定回來正好看到回覆：「不錯啊，但是貓咪生病了。」

科學與科幻（五）

愛因斯坦在1905年發表「狹義相對論」，以數學解釋為何沒有任何東西能夠跑得比光還快。這裡所說的「光」是指任何一種電磁輻射，而確實所有電磁輻射（無線電波、微波、紅外線、可見光、紫外線、X光、伽馬射線）的行進速度完全一樣。物質之所以無法跑得比光還快，是因為當物質的行進速度增加時，實際上質量就會變得更大。舉例來說，倘若你把重0.5公斤的物體，以87％的光速送入太空，其質量在起始點就會增加到1公斤。你沒辦法把這個物體以光速送入太空，因為它在光速之下的質量會比整個宇宙裡的一切還大！迄今狹義相對論的每一項預測都已經獲得實驗證實。此外，目前也沒有證據顯示，有另一個維度可以用比光速更快的「超光速」行進。光速就是極限，沒有「曲速」這回事。

　　無線電訊號在地球與火星（或是火星的衛星）之間往返的時間，會隨著地球與火星各自繞行太陽的相對距離而有所改變。當兩顆行星位在太陽同一側，彼此間距離最短時，訊號傳送單程大約需要三分鐘；當兩顆行星分別位於太陽兩側，彼此之間距離最長時，訊號傳送單程所需時間長達22¼分鐘。這樣的時間延遲可能會產生一種新的通訊方式：通訊雙方同時各說各話，這樣就可以減少許多枯等的時間。

　　當你人在旅途中，地球上可能有數百萬人等著聽到你的消息。你也許可以把純粹的分享，轉變成讓他們能夠從中學習的體驗，你還可以藉此獲得報酬。相反地，倘若你一直想學某些事情，但總是騰不出時間，大可好好利用這趟旅程。教學跟上課只是享受太空旅途時光的其中兩個例子。如同前面提及，潛水艇的水手、生活在孤立環境中的人們，以及肩負長期軌道任務的太空人都曾經表示，倘若他們真心相信自己在做的事有意義，感覺就會好很多。因此太空旅行公司會在啟程之前跟你商量一番，為你的旅途做個非常有建設性的安排。

這也帶出了太空船上的另一項問題：我們日常活動有一定的規律，就如同第七章跟本章前半部所述，人類經過演化，適合以24小時制的循環生活；在軌道上環繞的太空站，或是在太空船上，其光線、溫度與聲響都可以調整為24小時循環，這樣就不會干擾到你的身體晝夜節律。

科學家曾經研究「一星期」應該要多久，人們的感覺最自在。舉例來說，美國NASA曾經試著讓太空人採用一週10天的作息，工作八天、休息兩天，結果太空人不喜歡這樣的安排。因此在太空船上會和地球上一樣採取一週七天制，其中五到六天專心從事建設性活動，另外一到兩天為休閒日。

若想要享受這趟太空長途旅程，休閒活動不過是冰山一角，還需要考量其他相當重要的事情。如同第八章所說，孤立環境中的團體經常會結成朋黨，非我族類就不受歡迎；然而太空旅行中的團體互動極為重要，不只是對休閒活動而言，對於整趟旅程中的所有層面都是如此。事實上，除了要從事有生產性的工作，並且從中得到成就感以外，維持團體和諧也是長途太空旅程至關重要的議題。

你將有機會（並且也被鼓勵）跟同行旅客一起從事休閒活

動。其他如線上遊戲之類的長期性休閒活動，也有助於你打發閒暇時間。

　　造訪不同類型的星體時，需要留意它們的化學組成。小行星主要由岩石跟金屬構成，含冰量則多寡不一；彗星主要由岩石跟冰構成；火衛一跟火衛二似乎是被火星捕捉到的小行星，因此可能主要由岩石跟金屬構成。彗星在飛掠太陽時，會釋放大量的冰跟岩石殘屑，這些成分大多會被推往太陽的反方向，因而形成彗尾。如果太空船飛進正在遠離太陽的彗星塵埃尾，可能會相當危險，因為彗尾裡的冰跟殘屑可能會撞上太空船，造成船身損傷。然而彗星倘若是從太陽系外圍接近太陽，受到太陽加熱的程度就不會像遠離中的彗星那麼大，蒸散反應也比較微弱。這種彗星在不久後的將來，可成為太空旅客的參訪目的地。

　　由於這些星體的軌道錯綜複雜，你可能會成為人類史上第一批造訪它們的旅客。這當然是你所能想見，最令人感到滿足的人生經驗之一，能夠與之比擬的大概只有發現被世人遺忘的古墓，或是當上總統吧！看著螢幕上目的地變得越來越大（就同如我在撰寫本書時，看著矮行星冥王星首度鉅細靡遺地出現在眼前），那份感受令人難以忘懷。你還可以拍照上傳，證明你到此一遊！

　　在太空船環繞目的地時，你可以從窗戶一覽各處景致。2014年9月10日，67P／丘留莫夫─格拉西緬科彗星飛向太陽時，羅塞塔號太空船便進入環繞彗星軌道，讓我們得以一覽其全貌。此外，當你安全地進入環繞目的地的軌道後，就可以離開太空船，親自登陸。倘若目的地旋轉得相當快速，登陸會相當有挑戰性，不過以我們現有的科技水準，不用太擔心。就所有的小行星、彗星，以及火星的兩顆衛星來說，其質量實在太小，人在上頭幾乎是失重狀態。舉例來說，你在火衛一上的體重，大約只比你現在體重的 1/2000 多一點而已（我在火衛一的體重大約是 0.05 公斤）。

　　你在這些星體上幾乎都可以做一件好玩的事：跳起來然後飄走。雖然星體的重力還是會持續對你產生拉力，然而倘若你跳的速度夠快（快到超過脫離速度），就真的會飄走，一去不復返。不過別怕！你身上會有條很長的繫繩，牢牢地把你繫在目的地上，但也足以讓你盡情享受跳躍的樂趣。

　　在這些低重力星體上漫步將會是一項挑戰。相關人員會在你造訪的星體上安裝一系列的水平纜繩，你可以藉由纜繩的幫助四處漫步，踏遍每一角落。天知道你會在上頭發現什麼！跟在月球上一樣，由於靜電作用，塵埃會附著在太空裝上，弄得你滿身都是，你可以把一些岩石跟塵埃帶回家作紀念。

　　倘若目的地是一顆彗星，你可能會碰上從彗星內部噴出的氣體；這些氣體可能會夾帶一些小型碎屑，因此有點危險。話雖如此，這畫面還蠻有意思的。倘若太空旅行公司有準備塑膠布，你可以把它蓋在噴氣口上，收集一些被噴出的氣體跟大型碎屑。值得注意的是，無論彗星、小行星，還是火星的兩顆衛星，上面都沒有可以傳遞聲音的大氣層，因此當這些噴氣口噴發時，你不會聽見任何聲響；就連在彗髮的大氣也非常稀薄。

火星的衛星

　　造訪火星的衛星，可使你對火星產生有趣的看法。跟月球環繞地球的情形一樣，火衛一跟火衛二的自轉與公轉速率完全同步；這也表示它們各自的自轉速率與環繞火星的公轉速率完全相同，因此總是固定一面朝向火星。為了善加利用造訪衛星的時間，你會在火衛一或火衛二面向火星的那一面登陸，這樣你就有很多時間觀賞火星，同時探索衛星。這兩顆衛星環繞火星的速度很快，因此你在衛星上的探索時間，足以讓你把火星從頭到尾看個徹底。

　　火衛一跟火衛二的軌道與月球的軌道大不相同。這兩顆衛星與火星的距離，比起月球跟地球的距離近得多：火衛一距離火星表面大約6,000公里，火衛二則是大約兩萬公里，相較之下月球距離地球表面，通常是38.4萬公里。因此火星占這兩顆衛星天空的比例，遠比地球占月球天空的比例來得大；精確來說，地球面占月球天空大約2度，火星面占火衛一天空大約43度，占火衛二天空則是大約16.5度。相較之下，月球面僅占地球天空大約0.5度。

　　火衛一比火衛二大顆，受到撞擊的情況也比較嚴重。火衛一上面最大的斯蒂克尼撞擊坑，直徑達整顆衛星的一半，位於面向火星的內側面，是火衛一的必訪景點（圖2.4）。斯蒂克尼撞擊坑是以1877年發現火衛一跟火衛二的天文學家阿薩夫·霍爾（Asaph Hall，1829-1907）的妻子安捷琳·斯蒂克尼·霍爾（Angeline Stickney Hall，1830-1892）為名，是因某次幾乎摧毀火衛一的撞擊事件所形成的；倘若那次撞擊真的摧毀了火衛一，部分殘屑會撞上火星、部分會永遠離開火星軌道，其他則會形成一個環繞火星的環；這個環裡頭的殘屑會受到彼此的重力吸引，互相聚集，最終可能又會形成一顆小小的新衛星。

你可以參訪火衛一那些似乎開始分崩離析的區域。除了撞擊坑以外，火衛一還有很多平行谷地或溝槽；科學家起初認為這些地貌是形成斯蒂克尼撞擊坑的撞擊事件所致，不過最新說法認為它們是火衛一以螺旋狀軌道接近火星時，表面受到重力拉扯而形成的。就如同月球會造成地球的潮汐作用一樣，火衛一也會對火星形成陸潮作用。由於火衛一環繞火星的速度實在太快，使得火星的陸潮也反過來拉扯火衛一，導致火衛一喪失能量，因此會以螺旋狀軌道接近火星。

就目前的距離而言，可測得火星施加於火衛一最近內側面的重力，比火星施加於火衛一外側面最遠處的重力來得大。這兩者之間的重力差叫做潮汐效應，正在拉扯火衛一；科學家認為，火衛一上的平行谷地就是潮汐效應留下的證據。

火衛二（圖2.4）被撞擊的情況比較沒那麼嚴重，上頭並沒有類似斯蒂克尼撞擊坑之類的特徵。兩顆衛星都有相當多表土，不過我們並不知道實際厚度有多深。

只要經過練習（或是利用特殊設計的彈簧發射器），再綁上一條夠長的繫繩，你就可以跳離地面數百甚至數千公尺，然後受到衛星重力場的拉扯（我們在地球上只能跳離地數公分），慢慢落回衛星表面。即使落下的高度有數百甚至數千公尺，你落地時的速度會跟你躍起的速度一樣。火衛一和火衛二也跟其他遙遠星體一樣，值得你花點工夫收集岩石跟表土並帶回家。

我們如今已具備足夠的科技前往探索本章節提到的所有星體。既然提到了火衛一跟火衛二，你自然會想問，「倘若我們都能夠前往火星的衛星了，何不也去火星上頭看看呢？」假設你願意支付驚人費用，當然沒問題。然而前往火星所費不貲有兩個原因：相較於登陸月球或其他太空星體，要登陸火星極為困難；再加上火星大氣非常稀薄，需要用到極為昂貴的科技，才能夠讓人類安全登陸。再者，必須研發出能夠承受登陸顛簸，還能保持完美運作狀態的太空船科技，讓起碼一部分的登陸車有辦法起飛並重返軌道，這是一件非常有挑戰性的工作。不過反過來說，倘若你都已經付錢要往返火星了，那麼只要稍微再多花一點錢，就可以順道造訪它的兩顆衛星。

造訪火星

　　火星是在不久的未來，最終的太空旅行目的地。造訪火星表面的旅程，從地球軌道出發一直到火星衛星前都一樣；有些旅客可能想到衛星一遊就好，有些則會繼續前往火星表面。這兩群人在旅程最後一個月要演練的登陸過程截然不同：登陸衛星的人要學會繫繩跟低重力訓練，前往火星表面的人則不需要，因為火星表面重力大約是地球的0.4倍（這表示你在火星上的重量大約是在地球上的0.4倍）。要前往火星的旅客，主要得接受登陸以及在長期棲息地裡移動的相關訓練。火星棲息地跟月球棲息地可能會蓋在地底下，保護棲息地及居民免於暴露在火星表面高能輻射之下。跟在月球上的情況一樣，你的太空裝以及其他所有暴露於表土的東西，由於靜電吸附的緣故，都會變得很髒。

　　參與太空探索的各國跟各大公司，之所以考慮在火星建立永久棲息地，是因為若要在火星上部署可將人載離火星的火箭，費用將是一筆天文數字。一些富豪當然能夠負擔離開火星額外的數千萬美元，不過我們接下來討論的重點會放在火星旅客跟定居者在火星上有哪些必做事項。

人類造訪火星最重要的目的，也許是火星上是否有生命存在。雖然從火星表面特徵研判可能有地下液態水存在，不過除了曾經從火星上噴出的流星體內發現一塊可能是生物化石的東西以外，我們迄今尚未發現火星曾有任何生命存在的證據（這並非斷言火星從未孕育過生命，只是根據現有科學證據的論述）。

然而我們卻有著毋庸議的證據指出，火星表面上曾有大量的液態水。地球的表面液態水（甚至地下水）孕育了無數生命型態，因此我們可以合理推斷，火星早期也是如此。由於火星的質量、與太陽的距離、表面化學成分、大氣成分、衛星體積、板塊移動歷史（火星現在沒有板塊移動）等等與地球皆不相同，有人認為兩者不能相提並論。倘若在火星上發現生命，即使只是微生物，對於我們認為宇宙其他地方是否可能出現生命，以及生命一開始究竟如何誕生的看法，都會產生極為深遠的影響。雖然火星地底下是否存在生命，完全沒有標準答案，不過火星表面如今沒有液態水，大氣密度很低又缺氧，再加上太陽輻射極高，因此幾乎不可能有生命存在。

倘若液態地下水中有生命，其細菌對於人體來說，將是一大隱憂。這些細菌一旦進入人體血液，我們的身體可能沒有內建的生物防護機制，無法在細菌造成傷害前將其殺死。若是把潛在的感染源從火星帶回地球，後果更是不堪設想。反過來說，雖然藥廠的實驗室可能有辦法研發疫苗，不過火星上的細菌或生物應該無法生存在一個被人類、細菌以及病毒汙染的環境；假使果真如此，我們出現在火星就可能會使得當地生物滅絕。儘管火星生物型態單純，仍然會有道德爭議，而這類議題是NASA行星保護辦公室的管轄範疇。

空氣

火星的大氣稀薄，濃度只有地球上的0.6％，且幾乎沒有可供呼吸的氧氣。火星大氣幾乎完全是由二氧化碳、氬氣以及氮氣所構成；地球大氣的21％是氧氣分子，但是火星大氣只有0.14％是氧氣，因此只要你一踏出棲息地，就得要帶上一瓶氧氣。同理，火星上的氣壓很低，因此所有的棲息地跟載具都必須設計成密閉空間，讓可供呼吸的空氣不至於外洩。

火星大氣稀薄，因此跟地球大氣相較之下，所含臭氧（三個氧原子鍵結起來的O_3）也有限。地球的臭氧層把某些有害的紫外線輻射阻隔在外，但臭氧濃度較低的火星，其表面就會承受大量致命的太陽輻射。當你人在火星室外時，就必須穿上太空裝，阻隔這些輻射。

儘管火星大氣稀薄，不過仍然有水冰雲層，主要位於赤道地區跟兩極附近。這些雲層存在的時間都通常不長，成形後一至兩天就不見了，有些雲層據說曾經下過雪。

可供造訪的地表景點

且讓我們先假設火星不但存在生命，而且可以與我們和平共處，彼此都不會造成傷害。火星旅客可能一待就是好幾個星期或好幾個月，所以旅行社應該會幫你安排行程，造訪火星上所有主要的地理特徵跟景點。讓我們從火星表面的概貌開始說起（圖9.19）。

　　火星的北半球跟南半球環境大不相同。北半球表面相對平滑，撞擊坑較少，北極還有個極冠。水冰是永凍層，二氧化碳冰（乾冰）則會隨著季節而改變。火星北半球的平滑面朝著赤道延伸，有些地方甚至從北極下方一路延伸到赤道。天文學家認為，火星年輕時，表面的水還沒有完全結冰或蒸發到太空之前，可能有個巨大的液態水海洋。

　　相較之下，火星南半球被撞擊的情況嚴重許多，有數座死火山、一個跟美國大峽谷不分上下的谷地系統、乾河床、廣大平原，以及一個跟北極極冠差不多的南極極冠。整體來說，南半球的平均地勢比北半球高1.6到5公里。

圖9.19：火星表面展開圖，上方是北邊。位在左方排成一列的三座山是塔爾西斯山脈，從下到上分別是艾斯克雷爾斯山、帕弗尼斯山，以及阿爾西亞山。位於塔爾西斯山脈左方的是火星最高大的奧林帕斯山；位於山脈右方的是水手號谷。
National Geographic Society/MOLA Science Team/MSS/JPL/NASA

　　南北半球交界處，有三個值得一提的特徵。首先，很多地方都具有銳蝕地形（fretted terrain，圖9.20），這是一種由谷地、孤峰、平頂山（頂部平整，四壁陡峭的山丘）、一般山丘，以及岩屑流所構成的複雜地貌。天文地質學家對於形成這種地貌的機制尚無共識，不過有些地貌似乎是由水流、地下冰蒸發、風蝕，以及冰河流動等過程共同形成。

　　低地與高地交界處的第二種特徵，是叫做梅杜莎槽溝層（medusae fossae，圖9.21）的複雜多面區域。這種美麗的地景沿著火星赤道，在交界處蜿蜒大約965公里；其主要成分是很容易被吹走的灰，因此形狀很容易受到風跟冰積的影響。梅杜莎槽溝層的成因未明，不過它展現出來的各種特徵顯示撞擊事件跟水流在成形過程中發揮作用。

　　第三個位在火星中緯度區域的常見特徵，叫做貝狀地形

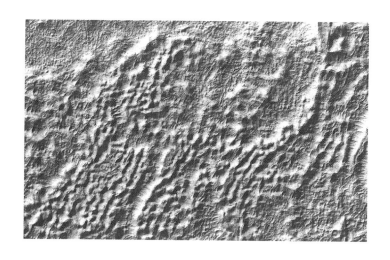

圖9.20：火星上的銳蝕地形。

NASA/JPL-Caltech/University of Arizona

（scalloped topography，圖9.22）。這些區域一如其名，其邊界看起來像是扇貝的邊緣，與較高的區域相連。一般認為這些特徵是流經火星地下接近表面的水產生昇華作用（從固態直接變成成氣態）所致，不過細節有待進一步研究。

　　這些景觀除了相當值得探訪以外，它們也都明確地指出，火星赤道區域含有大量的結冰水。天文學家對火星表面研究越透徹，就越是發現水的影響有多麼巨大。既然赤道附近有水冰，要在這些火星最溫暖的區域建立景點跟永久棲息地，就會

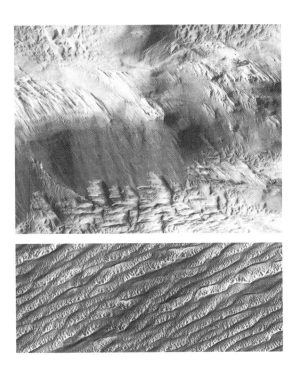

圖9.21上：梅杜莎槽溝層露出的部分，那些長長的山丘稱為白龍堆（yardang）。
下：梅杜莎槽溝層的風蝕現象。

NASA/JPL/University of Arizona

容易許多。倘若只有兩極區域有冰，就需要大費周章（當然也得花掉大把銀子）地建立一個運輸網路，才能夠把這些冰從兩極送到赤道。

　　在低地跟高地交界處，還有一塊叫做塞東尼亞（Cydonia）的區域，滿是各種看起來像金字塔、人臉、骷髏頭，以及由岩石、沙子或其他表土材質構成的物體，乍看之下彷彿是火星上曾經存在高等生命的證據。登陸車跟軌道飛行器所拍攝的火星表面照片越多，確實會發現越多會讓我們認為那是人類或其他生命型態傑作的特徵。

　　在詳細檢視塞東尼亞區之前，值得花點時間討論一下高等生命的議題。奧坎的威廉（William of Occam，約1280-1349）是一名英國哲學家，曾提出很多高見，其中一項是，當有超過一個

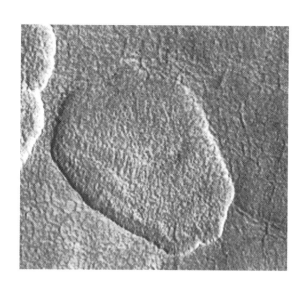

圖9.22：火星烏托邦平原的貝狀地形。撞擊坑的部分邊緣呈現貝狀。

NASA/JPL/University of Arizona

以上的解釋時，選出最有可能解釋的重要邏輯規則，叫做奧坎剃刀（Occam's Razor）：當數個互相競爭的理論，描述同一個觀念的準確度都一樣時，選擇未經證明的假設最少的理論。所有的科學家都接受這個觀點，並以此做為研究指引[4]。

　　就以上所提到的火星特徵來說，有兩種可能：第一個解釋是，這些特徵是由某些高等生命型態創造出來的，可能自有用途，或是用來對地球或其他地方的高等生命傳遞訊息。第二個解釋是，這些特徵是自然地質活動所造成的。根據奧坎剃刀，除非證實為非，不然應該選擇後者做為這些地貌形成的正確解釋。簡單來說，火星表面附近有許多不同類型的岩石，有些來自火星內部，有些則是撞擊所致；由於這些岩石的物理與化學性質各不相同，因此風化速率也有所不同，歷經數十億年的演變之後，形成這些可辨識的特徵。這套理論並不需要牽扯我們從未見過、未經證實、在火星上演化而成（考量到火星具有表面液態水跟可供維生大氣的時間非常短暫，這幾乎不可能），或是從其他恆星系來到太陽系駐足（也就是星際外星人）的高等生命存在。

　　你可以合理地認為，倘若火星表面各處風化程度不同，因而形成這些不尋常的特徵，那麼地球上應該也會出現這些特徵。事實上確實如此，地球上有岩拱、稱為奇形岩（hoodoo）的沉積岩、埃及的蕈狀白堊石、美國加州莫諾湖的鹽柱，以及美國懷俄明州高聳而立的魔鬼塔等等。

　　我們大腦的運作方式也扮演重要的角色。人類天生就習慣尋找有規則和對稱圖形，相較於紙上不規則的曲線，你比較容易注意到平行線或是圓形。同樣的道理，你一旦看到某個東西的外型很像你看過的某種東西，就可能會覺得它們之間有關

4　科學家接受奧坎剃刀原理，並不表示他們就不去尋求其他的可能解釋。科學家
　經常試著提出更好的解釋，也就是比較準確，或是未經驗證的假設更少的解
　釋。即使新的理論比較複雜，它也會取代先前的理論。

聯。舉例來說，倘若你駕車穿越美國內華達州的沙漠時，看到沙地裡有根岩石突出地面一公尺，第一個想法可能是：「噢天啊，我發現金字塔的頂部了！」雖然不是不可能，不過你看到的更有可能是在一片經過風化作用而化成沙子的沙地中，一塊風化程度沒那麼嚴重的變質岩頂部。

　　人們在火星上至今看過各種類似地球物體的東西，直徑小到數公分，大到數公里；這些物體包括金字塔、骷髏、人臉、心型、動物外型，甚至還有一張「笑臉」。科學家運用「奧坎剃刀」規則，認為這些岩石形狀全都是自然風化所致。這些特徵僅占火星可見物體非常小的一部分，所構成的隨機形狀千奇百怪，就算裡頭出現幾個看起來煞有介事的圖形，也不真的令人驚訝。

　　接下來介紹塞東尼亞區，以及火星上你可以前往探索的特殊景觀。

● 塞東尼亞區

　　這個區域（圖9.23）特別多由風化作用構成的地景，也可能是不同類型的岩石受到水侵蝕而成，再加上撞擊坑以及撞擊噴出的殘屑所致；將是最能吸引火星旅客的地區之一。

● 水手號谷

　　火星上的谷地系統，取名自1972年發現此地的水手9號太空船。水手號谷是火星上最令人驚奇的景觀（圖9.24），全長超過4,000公里（洛杉磯到紐約的距離也不過3,940公里），寬190公里，深7公里。相較之下，大峽谷全長446公里，寬29公里，深度則是1.6公里。

　　倘若水手號谷如它表面上看來，主要是由火星早期板塊運動所致，那麼它就是兩個板塊互相分離所形成的裂谷。由於火星比地球小，冷卻的速度比地球快，因此這種板塊運動早在數十億年前就停止了。水手號谷的不同區域具有不同特徵，有些跟液態水或水冰的消長情形相當一致。許多谷壁的崩解程度不

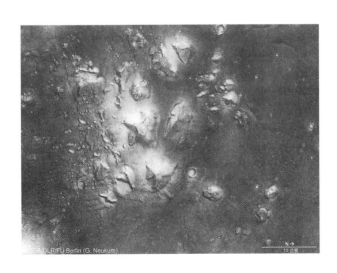

圖9.23：火星上的塞東尼亞區。你從圖中看見什麼？提示：最少有一張臉、一個頭顱、一個以上的金字塔，以及一隻在飛行中突然轉身的鳥。

ESA/DLR/FU Berlin – G. Neukum

一，照片顯示谷壁仍在崩解中，尤其是太空殘屑撞擊點位在水手號谷之內或附近時，更容易造成谷壁震動。就如同所有你可以造訪的星體一樣，這樣的撞擊事件仍然有機會發生。

倘若能夠找到穩定的懸崖壁，或許能在水手號谷各處安裝軌道或纜車，這麼一來你就可以輕鬆穿梭於谷頂跟谷底之間；類似在美國大峽谷搭乘纜車觀光的情況。不過我們還不知道你在這趟旅程中會發現什麼。

● 兩極

火星兩極有很多有趣的特徵。火星北極的高度比南極低，有個季節性的二氧化碳極冠（乾冰），底下則是一個永久水冰極冠。由於北極高度比南極低，因此北極的空氣比南極多；空氣中的氣體越多，能夠儲存來自陽光的熱就越多，因此北極受熱會比南極多。北半球在夏季時吸收的熱，會導致整個二氧化碳極冠融化。

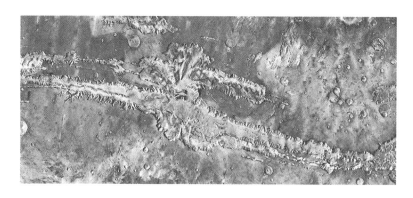

圖9.24：水手號谷。

NASA/JPL-Caltech/Arizona State University

　　火星南極同樣有個永久水冰極冠，不過水冰極冠並非位在南極正中央，反而是覆蓋在上面的二氧化碳極冠位在正中央。南極的空氣比北極稀薄，這表示南極的乾冰極冠在夏季時受熱不像北極那麼多，因此這塊永久乾冰，有些部分會形成透明層。南半球進入夏天時，陽光會穿越這層透明層，加熱底下的水冰，導致部分水冰蒸發，所產生的水氣就在上方覆蓋的乾冰底下流動，侵蝕地表，還會夾帶一些地底下的表土塵埃，直到水氣找到某個出口，噴入空氣中為止。這股帶著塵埃的氣體，會使火星表面形成蛛形特徵（圖9.25）。南半球受到風蝕作用的冰層也會形成一種看起來像瑞士乳酪的表面。

圖9.25：火星南極附近的蛛形特徵地表。

NASA/JPL-Caltech/Arizona State University

● 沉積層

　　水手號谷以及火星上某些地方，會出現大型（圖9.26上）跟小型（圖9.26下）的岩石沉積現象。跟在地球上的情況一樣，造成這些特徵的機制可能是火山灰沉積、水流、風流等等。隨著沉積層堆疊，底下的沉積會被壓縮成固態的岩石。若要確認形成岩層的機制，可能需要詳盡檢視各個沉積層。

　　火星的兩極區域也有沉積層，可能是由於冰層定期受熱又冷卻，加上被風暴吹到當地的塵埃所致。塵埃會使冰帽顏色變得暗沉，而比較容易受熱，因此隨季節昇華的冰量，取決於過去一年內，極地經歷了什麼樣的天氣狀況。

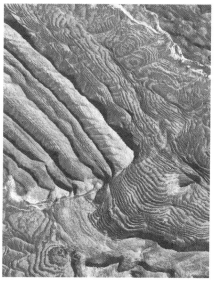

● 火山

　　雖然人們認為月球上幾乎所有的陷坑都是撞擊造成的，不過火星的情況不太一樣。火星上最少有20幾座火山，這些火山現在沒有一座是活火山，而最值得一提的有四座（圖9.19）：

圖9.26上：火星上的厚沉積層，每層厚度大約10公尺。這張照片攝於阿拉伯之地（Arabia Terra），實際寬度約為兩公里。下：火星上的薄沉積層，每層厚度不到2.5公分。由好奇號火星探測車所攝。

NASA/JPL-Caltech/Univ. of Arizona/MSSS

其中三座排成一列,合稱塔爾西斯山脈,再加上附近的奧林帕斯山,這是太陽系內已知最大的火山(圖9.27)。奧林帕斯山大約高26公里、寬600公里。地球表面最大的火山是位於夏威夷的冒納羅亞火山,高10公里(從它坐落的海底開始算起),寬120公里。地球上最高的聖母峰,高度僅8.9公里。因此奧林帕斯山同時榮登太陽系內最高的山,顯然會成為火星上的必訪景點之一。

奧林帕斯山跟冒納羅亞火山一樣,是盾狀火山;表示岩漿是從火山裡被擠出來,而不是日本富士山那樣的層狀火山,岩漿會劇烈地向上噴發而出。由於緩緩流出的岩漿會重覆堆疊,

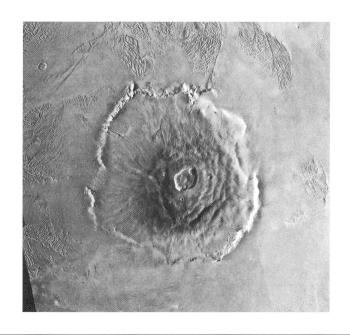

圖9.27:火星上的奧林帕斯火山。

NASA

因此奧林帕斯山與周遭地面銜接得並不平滑，四周都是陡峭的懸崖。這類似底座型撞擊坑（pedestal crater）的特徵，這種撞擊坑受到撞擊時雖然會噴出殘屑，但是撞擊區域並不會跟地面形成平滑的銜接面（圖9.28）。

　　火星上的奧林帕斯山跟所有的死火山或休火山一樣，火山錐的頂部都有個叫做火山口的中央凹陷處，這是熔岩流停止流動後，剩下的熔岩從火山中央冒出來，固化之後往下收縮形成的（除了水以外，大多數的液體在固化時，體積都會收縮）。等到你造訪火星時，也許已經有機械化載具可以載你到火山口。極限運動員也可以選擇一路走到某座火山上頭，不過由於旅程漫長，可能要走上好幾天，而且就跟攀登地球上的極限高山一樣，沿途一定要有氧氣、補給，以及可供休息的營區。

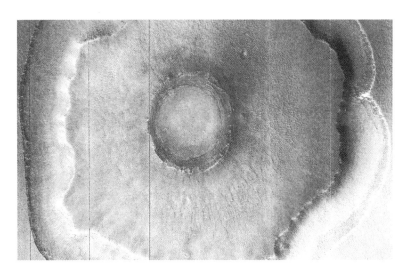

圖9.28：火星上的底座型撞擊坑。

NASA/JPL-Caltech/Univ. of Arizona

● 撞擊坑

太陽系裡除了太陽以外，每個星體上都有撞擊坑。雖然火星遭受許多會形成撞擊坑的物體侵襲，但過去40億年大多數的撞擊坑都因水或是風化作用而消失殆盡。從這點來看，火星表面演變得跟地球表面很像，這兩顆行星的撞擊坑都比月球之類的星體少得多。火星上僅存的一些撞擊坑具有很不一樣的特徵，像是中央峰、中央次級撞擊坑、底座型撞擊坑、各種不同的坑壁特徵，裡頭甚至還有水冰（圖9.29）。請記住火星上仍然不斷有新的撞擊坑（月球也是）。參觀任何星體上新形成的撞擊坑都很有趣，尤其是火星。倘若有火星內部的水從撞擊坑裡洩出而形成冰，那一定更有看頭。

圖9.29：帶有水冰的撞擊坑。

ESA/DLR/FU Berlin – G. Neukum

● 乾河床

如同前文所述，火星上曾有液態水的相關地質證據相當多，其中一項是火星上的蜿蜒谷地（圖9.30左）。地球上這種谷地都是非常和緩地液態水順流而下所形成的（圖9.30右）；雖然看起來類似熔岩流形成的月溪，不過大多數地質學家都認為，火星上的谷地跟在地球上一樣，是液態水流動所造成。時至今日，火星上沒有可以長途流動的液態水，因此所有蜿蜒谷地都是乾涸的。你可以造訪其中一些谷地，與你同行的地質學家可以為你解說谷地的各種有趣特徵（細節我們目前都還不清楚）。

● 海岸線

火星上的海岸線可為這顆行星的早期歷史提供線索。地球上的海洋跟湖泊邊緣有很多被風吹浪帶上岸的殘屑。我們已知許多證據顯示火星北部曾是一片廣闊的海洋，早期的陸地上也

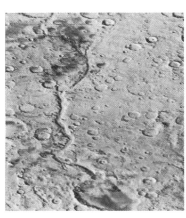
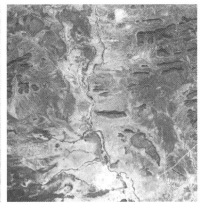

圖9.30左：火星上的乾河床。右：地球上一條流動的河流。

NASA/NASA's Earth Observatory

點綴著許多湖泊。倘若證實火星確實曾經有海洋跟湖泊，那麼這些消逝已久的水域邊緣線，可能也藏有地質學跟生物學的研究瑰寶，比方說被波浪磨去稜角的岩石、浸在水中而化學性質產生變化的岩石，說不定還能找到早期火星生命的外殼。

● 一般表面特徵

　　已發現火星表面許多值得一看的特徵。如果這些表面特徵含有赤鐵礦，還可以供人開採收集。地球上的赤鐵礦是一種在富含鐵的水中沉澱的氧化鐵所形成的晶體結構，經常帶有或黑或銀的灰色調，或是鏽紅色或褐色；沒有水存在的火山活動也會形成赤鐵礦。赤鐵礦有很多用途，其中一項是用來製作珠寶。火星上的赤鐵礦似乎是鐵溶於水中形成的，不過不排除其他形成機制。已發現火星數個地點有赤鐵礦，大多以直徑不到0.6公分的小球型態出現（圖9.31）。

　　火星上已發現數以百萬計的赤鐵礦小球。你可以帶三、四公升回地球當伴手禮。

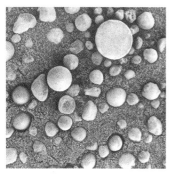

圖9.31左：火星上的赤鐵礦小球特寫。赤鐵礦小球因為呈深灰或深藍色，有時稱為「小藍莓」。右：忍耐撞擊坑（Endurance crater）沙丘裡的赤鐵礦小球。兩圖皆由機會號火星探測車所攝。

NASA

● 沙丘

　　已知火星表面覆蓋為數不一的表土塵埃與大型殘屑，大小跟沙子差不多，因此會形成沙丘。就跟火星上其他事物一樣，我們對於火星表層還有很多不了解之處，其中當然也包括火星大部分的化學成分。不過我們確實知道的是，風把這些表層刻劃成各種迷人的型態（圖9.31右、圖9.32），造訪這些景點將是火星之旅的精華所在。

● 冰河與大腦皺褶地形

　　火星上面有類似地球冰河的沉積水冰，其中一些會形成如

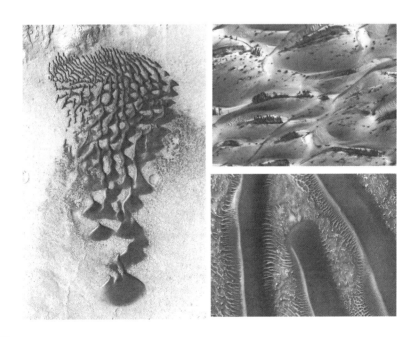

圖9.32左：風從圖中上方往下吹，形成沙丘。右上：上方大多被淺色沙子所覆蓋，由霜（白色）跟深色沙子構成的沙丘。有些深色沙子從沙丘上滑落時會留下條痕，看起來就像是火星上面長了樹。右下：火星上的沙丘。從右側吹過來的風，造就了圖中頗為可觀的沙丘。

NASA/JPL/University of Arizon

大腦皺褶般的地形結構（圖9.33）。這些特徵的源起跟演變歷程
仍有待研究，不過親眼目睹應該相當精采。

● 塵捲風痕跡

　　我們都曾經耳聞或見過龍捲風驚人的破壞力。龍捲風會讓
人傷亡、把房子撕得四分五裂，甚至夷平整座城鎮。龍捲風是
在風暴中形成、迅速旋轉的空氣柱；空氣的壓力差跟溫度差，
可能會使得空氣以這種形式流動。在地球上威力比較沒那麼大
的旋轉氣流，叫做塵捲風（圖9.34）；當旋轉氣流掃過地面時，
吸起底下的塵埃而形成的。

　　在火星上可觀測許多塵捲風（圖9.35），除了能用肉眼確
認位置，也可以利用原理類似雷達的光達加以偵測。由於塵捲
風與地面接觸，所經之處就會在表土上留下明顯痕跡（圖9.35
下）。雖然火星上的塵捲風氣壓相對較低，不過還是有些危險
性，比方說塵埃因此跑進精密儀器裡、塵埃與人身裝備產生化
學反應、靜電吸附效應，以及吸入後可能有害的有毒化學物質

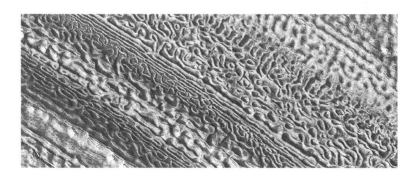

圖9.33：火星上的大腦皺褶特徵：一層層的冰包覆著一座小丘。

NASA/JPL/Univ. of Arizona

（當你脫下太空裝時，免不了會吸到一點，不過這點未經證實）。火星上的塵捲風看起來很迷人，不過除非確定安全無虞，否則最好別一頭衝進去。

　　造訪有塵捲風痕跡覆蓋的地區，就視覺上的美感來說，也許跟火星上的其他事物一樣有趣。倘若到時候的科技水準能夠讓你在附近的山頂或是飛機上觀賞塵捲風痕跡的話，你會覺得那景色格外迷人。塵捲風殘留的痕跡比較沒有值得保存的歷史或科學價值，倘若你想走到那上頭，就去吧！

圖9.34：美國亞利桑那沙漠的塵捲風。可以看到有兩個人往塵捲風跑去，由此可見塵捲風比龍捲風安全得多。

NASA/Univ. of Michigan

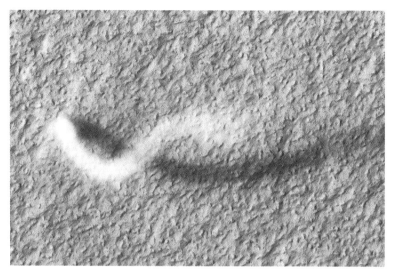

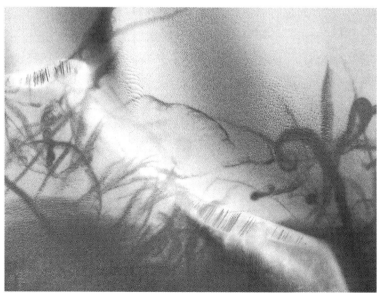

圖9.35 上：從上方俯瞰火星的塵捲風。下：火星表面的塵捲風殘存痕跡。

NASA

● 斜坡條紋

斜坡條紋（圖9.36）的外觀跟塵捲風痕跡有點相似，不過起因不同。這種特徵出現在坑壁或懸崖之類的斜坡表面，經常會平行地成群出現。目前還不知道主要成因，有可能是表面殘屑發生小規模的崩坍所致。

● 谷壁與溝渠

火星上有許多撞擊坑壁跟谷壁，具有溝渠或其他特徵，其中有些可能是往下流的液態水或冰形成的（如圖9.37上）。目前尚不清楚這些特徵的成因是2015年發現在火星上流動的液態水，還是過去的冰定期形成跟融化所造成的水流，抑或其他非水因素。此外，很多坑壁跟谷壁可能是由於附近發生撞擊，造成火星震動的緣故，即使時至今日仍會崩落（圖9.37下）。谷地或坑壁頂部可能會相當不穩定，因此當你造訪這些地方時，務必要十分小心。即使你只是往邊緣走個幾步，都有可能會導致小型崩坍，讓你跟著一起摔落。

圖9.36：火星上一處撞擊坑的斜坡條紋。

NASA/JPL/University of Arizona

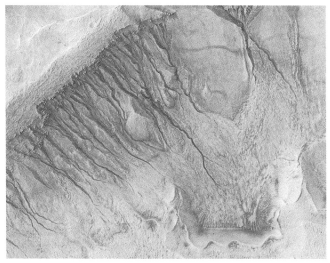

圖9.37上：牛頓撞擊坑壁上的溝渠及其他特徵。這些特徵可能是乾冰塊滑落斜坡時形成的。下：水手號谷的谷壁侵蝕作用。

Malin Space Science Systems/MGS/JPL/NASA

　　太空旅行公司可能會安排讓你隔著一段距離，用炸藥之類的東西製造一場崩坍，這麼一來能避免遊客發生危險。除了目睹大量殘屑滑落斜坡的壯觀景致以外，這樣做也可能有不錯的科學理由。雖然火星表面沒有穩定的液態水，但是在表面下方不遠處，可能藏有一些蓄水池；倘若隕石撞擊到某個蓄水池上方或附近的表面，水就會外洩，形成撞擊坑內的溝渠跟其他特徵。然而在這個過程中水會排光，不然就是水流夾帶的表土會阻塞洞口或裂隙。為了能夠第一手研究火星表面底下的水，從撞擊坑以及谷地邊緣鑿下去，就能讓科學家接觸到這些水還有裡頭的生命（如果有的話）。溝渠的形成原因還有另一種解釋：它們是由滑落的二氧化碳乾冰塊形成的。乾冰在地球上會昇華，而在乾冰塊下方形成一塊「氣墊」，使乾冰能夠順著斜坡滑落。究竟哪個解釋正確，有待商榷。

● 混沌地形

　　火星上有些極為粗糙的表面，稱之為混沌地形。太陽系數顆行星的某些地區歷經各種地質跟天文事件，形成在地球上從來沒見過的混沌地表特徵。舉例來說，水星曾經遭受過一次非常強力的撞擊，震波傳遍整個行星；傳到了行星另一側的震波，就會使地面亂成一團（圖9.38上）。火星具有各種混沌地形，特徵都不一樣，雖然尚無法確知其源起，不過有可能是結冰、移動、冰融、淹水等等跟水有關的活動所致（圖9.38下，你可以參訪的混沌地形之一）。

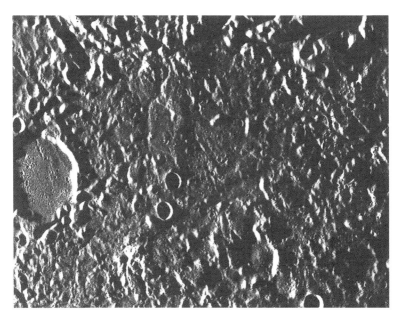

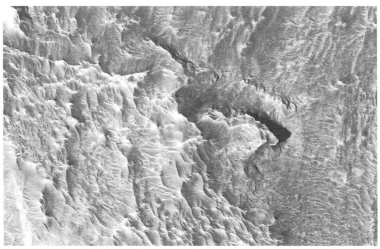

圖9.38 上：形成水星卡洛里盆地的撞擊事件，在水星另一側造成混沌地形。下：
火星上的混沌地形。攝於水手號谷東部區域，實際寬度大約有370公里。

NASA/JPL/University of Arizona

● 天空顏色、日落與日出

表面特徵並不是火星唯一跟地球迥異之處，就連它的天空也跟地球大不相同。地球的天空白天時呈淡藍色，火星的天空通常是帶點鐵鏽色的黃橘色（有時候也稱作黃褐色）。地球天空的顏色是因為大氣中的氣體會優先散射波長較短的光（紫光、藍光跟綠光），然後再散射波長較長的光（黃光、橘光跟紅光）。從太陽射出、格外強烈的藍光，經過地球大氣層散射之後，就會使天空呈藍色。瑞利男爵（Lord Rayleigh，1842-1919）在1871年首度研究光線散射的細節，因此又稱為瑞利散射。相較於一般可見光波長，火星大氣層的塵埃粒子相當大，因此散射的結果就形成了火星平日所見的黃橘色天空。這叫做米氏散射，取自1910年研究散射細節的德國物理學家古斯塔夫・米（Gustav Mie，1869-1957）。總而言之，火星大氣層裡的塵埃主要散射的是，入射到火星表面的可見光裡波長較長的光線，從而產生鐵鏽色天空。空氣中塵埃濃度特別低的時候，瑞利散射就會發揮作用，使天空變得比較藍。

有趣的是，火星在日出跟日落時，太陽附近的天空主要會散射藍光，因此即使是在塵埃滿布的日子，火星的日出和日落仍常呈藍色。總結來說，火星的天空顏色跟地球上剛好相反：白天是黃橘色天空，日出及日落則通常是藍色的。

● 風與風暴

雖然火星的氣壓大約只有我們呼吸空氣的0.6％，但也足以產生強勁的風，可以把許多表面塵埃吹到半空中。只要情況剛剛好（或者是很不巧，看你從哪個角度來斷定），風吹起的塵埃足

以瀰漫整個大氣；這樣的情況層出不窮，2001年就發生過（圖
9.39）。從1877年迄今，人們已觀測到10次這種瀰漫整個火星
的沙塵暴，通常會持續半個地球年那麼久。火星各處還有許多
局部性沙塵暴，通常會持續數天到數個星期。倘若你在火星碰
上局部性或全球性沙塵暴，任何帶有靜電的東西大概都會沾上
厚厚一層塵埃。不過火星上的空氣密度實在太低，再強的風也
不會把你吹倒。

● 探測車及其軌跡

　　月球歷史景點如阿波羅登月地點等等，可能會限制旅客前
往參訪，火星探測車也可能會保留在原地。不過你可以選擇造
訪其中一些登陸地點（圖9.40），包括登陸車墜毀的地方。有些

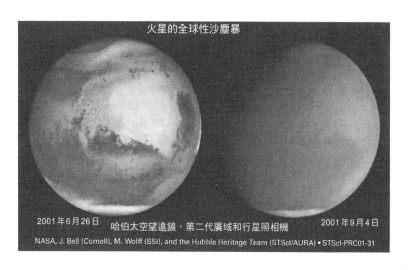

圖9.39：沒有沙塵暴的火星（左）與正處於沙塵暴的火星（右）。
NASA

登陸車配有探測車，因此你也可以從登陸車出發，一路前往探測車所在，一覽其風光。

● 永久棲息地

倘若一切順利發展，人類本世紀之內就能在火星建立永久居住地。火星承受大量輻射，因此大多數的建築物可能得蓋在地底下。倘若你前往這些地方，可別想像你可以開車穿越高樓聳立的都市，或是地面上商店林立的城鎮街道。在地底下的棲息地光線會按照火星一日長短調節亮度循環；如同第七章所述，這個循環對於人體運作相當重要，因為我們的生理時鐘經過演化，會隨著地球每日24小時制的光暗循環產生反應。好消息是火星的晝夜循環是24小時37分鐘，雖然比我們習慣的時間稍長一點，不過生理時鐘還是可以正常運作。

未知但可能存在的特徵

天文學家跟天文地質學家對火星表面所知只是九牛一毛，火星上頭可能還有無數有趣事物是我們目前不清楚的。包括具

圖9.40：從機會號火星探測車所見的火星表面。

NASA

有各種特徵的洞穴、有鐘乳石跟石筍的洞穴、地下液態水池、表面跟地下的礦脈，甚至存在生命或生命遺骸。請持續鎖定相關報導！

PART IV

回家真好！？

10 移民火星或是返回地球？

移民火星

　　火星棲息地如同一個新的人類社會，移居火星的人可能會認為自己跟地球人不一樣。接下來我們將仔細討論這個人類史上最為困難、昂貴、危險，也最具變化性的移民經驗。人類社會的所有面向，包括農業、水資源收集與淨化、挖礦、製造、建築、運輸、通訊、醫療、生育、社會活動、文化、宗教、教育、經濟、緊急應變、休閒、治安、酒類生產以及輻射防護等等，都必須要加以調整或從頭來過。顯然我無法在有限篇幅中深度探討任何主題，但以下是我認為在火星生活的重要事項。有很多人想前往火星，已有數十萬人簽署表示願意移民。這些人不只是想要住在火星，也有不少人其實想要「遠遠逃離」他們在地球上的生活。若能聽聽這些文化、宗教、經濟背景大不相同的人想要移民的原因，一定非常有趣。

　　人類要長期在火星上生存，當務之急是要取得安全的液態水、可呼吸的空氣、可維生的食物，以及免受太空輻射侵襲的保護措施。然而目前火星表面沒有這些東西，在可預見的未來也沒個譜。

水

　　水在火星表面上以冰的形式存在，大多位於兩極之地。由於火星溫度低，氣壓又極低，表面上的液態水要不是立刻結冰，就是立刻蒸發（回想一下第四章，低壓室裡的那杯水）。儘管如此，仍然有相當多證據顯示，火星上多處地表附近存在液態水。鑽井可能是取得火星地下液態水的方法之一，我們就是利用這個方法，讓地球上很多地方成為居住地[1]。

　　但這麼做的前提是火星的水中沒有生命，或是不會影響人類健康。不過倘若火星上有生命，而且具危險性，那麼整件事就不可同日而語了。首先要確定的是，有沒有辦法保護前往火星的人類跟地球其他生命，不會被火星生命傷害？如果可以，就必須要採取因應措施才能移民火星。倘若很困難，就得要考慮是否該摧毀另一顆行星上的生命（即使是形態很簡單的生命），以及在道德上是否站得住腳。

　　火星上哪裡可以建立棲息地？火星表面溫度跟地球一樣，會隨緯度產生變化。火星赤道附近的溫度介於攝氏21度到零下130度之間，晚上的平均溫度大約是攝氏零下7度。火星的自轉軸與其環繞太陽公轉平面的夾角，跟地球差不多，這表示火星的四季循環跟地球一樣。然而火星一年有687天，幾乎等於地球的兩年，因此火星每一季的長度約為地球的兩倍。

　　倘若一切都很順利，會選擇將棲息地建在最溫暖的赤道附近。棲息地位在越低的地方，上方的空氣就越多，有助於減少居民受到太空輻射傷害。因此首批地點可能會坐落在水手號谷，該處低於火星其他地區表面大約6.5公里。

1　倘若我們對火星上的水資源過於樂觀，或是火星上的液態水遠低於我們所需，甚至根本不存在，屆時可以獲得水的方法如：開採冰，並且在距離冰所在地夠近的地方設立棲息地（比較接近兩極，而不是靠近較為溫暖、適宜人居的赤道地區）；或是捕捉一些彗星送到火星；亦或直接開採太空中彗星上面的水。

可呼吸的空氣

還記得火星的氣壓大約只有地球的0.007倍嗎？此外，這個稀薄到不行的空氣，主要成分是二氧化碳，還有少量的氮氣跟惰性元素氬氣；由於目前的火星大氣沒有氧氣，因此我們沒辦法直接利用。

這也是為什麼所有的人類棲息地都會是密閉環境，這樣可呼吸的空氣才不會外洩。然而要從地球攜帶夠多的可呼吸空氣到火星，供應大量移民使用，就後勤工作來說簡直是惡夢。早期移民呼吸的空氣，必須要在火星上製造；為了製造可呼吸氣體，得先壓縮分離火星上含有二氧化碳跟氮的稀薄大氣，以液態儲存在槽內，然後把二氧化碳分子裂解成可呼吸的氧氣以及純碳；這一切都是使用太陽能。氧氣會以液態的形式儲存在槽內，純碳則以塊狀形式儲存。最後只要適當組合氧分子跟氮分子，就可以形成我們在地球上呼吸的大氣，只不過少了幾種對於維生無關緊要的微量元素。

你可能已經知道，二氧化碳是呼吸作用的副產品。我們從空氣中吸收氧，血液把氧輸送到全身細胞，藉此產生能量，賴以存活；然後血液再把細胞產生的二氧化碳輸送到肺部，肺部把二氧化碳從血液中移除，每次呼氣時排出。二氧化碳並不像一氧化碳對人體有害，然而大部分呼氣排入火星棲息地大氣的二氧化碳，仍然必須要加以消除[2]，不然空氣中二氧化碳濃度過高，就會使我們體內血液無法排出二氧化碳，也無法吸入新鮮的氧氣，人類會因而窒息。在潛水艇等等地球上任何密閉空間的情況也一樣。

2　比方說在棲息地可以用多餘的二氧化碳培育植物，供人們日常休閒活動之用。

輻射防護

火星上的長期居民以及訪客必須受到特別保護，才能免受侵襲火星的太空輻射傷害。火星稀薄大氣所能提供的輻射保護作用，遠比地球大氣低。地球大氣的臭氧跟二氧化碳，能夠吸收一大半的UV-B跟UV-C輻射（僅少量抵達地面），因此能夠保護我們免於受到影響；同理，地球的大氣層也能夠吸收來自太空的X光跟伽瑪射線。火星大氣富含二氧化碳，但是密度稀薄，幾乎沒什麼臭氧，因此很多太空輻射會直達表面。

除了帶有致命電磁輻射的宇宙射線會抵達表面以外，火星稀薄的大氣也無法像地球大氣那樣，均勻分散宇宙射線的能量（詳見第七章）。這些高能粒子穿透身體時，會改變體內有機分子的性質，導致嚴重疾病。

火星表面有電磁加上粒子輻射，因此永久性居住地需要的保護遠比地球上的棲息地更多。雖然可在火星表面建築物的牆壁裡加入隔離用水或加工遮罩，然而花費遠比把棲息地建在地底昂貴。地底上方的表土與岩石會吸收來自太空的電磁與粒子能量，可確保人類以及其他地球生命的安全。根據估算，最少需要四到五公尺的表土與岩石，才足以形成等同於地球大氣層的遮蔽效果。火星的早期移民一定會以穴居為榮。

農業

除了為火星移民者提供水跟空氣以外，把他們餵飽顯然也是當務之急。火星的移民人數會越來越多，若想從地球運送所有食物，帳單可能會貴到令人望而卻步。幸好只要想出如何讓植物在火星室內棲息地裡生長，就能夠生產許多維生必須的食物。一個穩健的農業系統可以供給氧氣、食物、油、木材、藥物、塑膠、橡膠，以及紙製品等等。

　　然而植物跟動物一樣，極難在火星表面上生存。植物會被來自太空的輻射摧毀，被每晚的低溫凍死，或是因缺乏液態水而脫水死亡（從地底下冒出的水，幾乎立刻就會結凍）。因此植物在火星上必須生長於密閉的溫室，這樣才能夠從天空或其他人工來源，接收到生長所需的適量輻射，同時把有害輻射阻隔在外。就像地球上的溫室一樣，水會從外頭打入這些溫室環境。植物行光合作用所需的二氧化碳可以直接取自火星大氣，也可以利用人類跟其他動物呼出的二氧化碳。至於植物生長時所需的礦物質，則必須在火星上開採，再混進栽培的表土裡。

　　好消息是，在火星上種植的植物，除了可以製成食品以外，也會跟地球上的植物一樣，提供氧氣給人類呼吸。只要火星上的植物夠多，就能供給足夠的氧氣。這比前述生產氧氣的方法更能節省金錢與能量。種植可供食用的作物，同時還能夠產生可供呼吸的氧氣，簡直可謂雙贏！

　　擁有新鮮蔬果以及氧氣的來源有許多好處。除了維生，還可供移民造訪，「綠色」環境帶來的心理效益也相當深遠。若要在火星上種植可供移民賴以為生的大多數食物，溫室規模就必須像地球上的農場一樣，占地得要數百甚至數千公頃才夠。

　　另一個有趣的問題是：火星上能飼養動物做為食物來源或寵物嗎？如果不行，那就只有素食主義者才能移民火星了。這個問題有點類似是否能在火星上養育小孩，必須考量哺乳類動物的身體在火星的低重力環境下能否正常生長運作。

棲息地的次級必要條件

提供可呼吸的空氣、飲用水及輻射防護，是火星早期移民的主要問題。不過火星的所有棲息地也需要地球各大都市城鎮擁有的基礎建設，像是發電跟配電系統、供水跟下水道系統、廢水處理系統、通訊跟運輸系統、氣候控制系統（控制溫度、溼度、空氣淨化），以及緊急服務（救護車、消防車、警車）等等。

火星上目前沒有石油或天然氣之類的生質能源，因此相較於地球，這些次級運作要素在火星上的選項將會非常有限。地球上有石油製成的汽油、柴油以及飛機燃油等等化合物，因此能夠驅動各式各樣的交通工具跟長途載具；然而火星上所有的交通工具都只能使用電力，因為內燃引擎需要用到氧分子，而氧氣在火星上屬寶貴資源。同理，我們在地球上可以使用天然氣、丙烷或木材，為暖爐提供燃料，然而火星上的所有暖爐或其他加熱器材都只能使用電力。像這樣的例子不勝枚舉。

雖然對於打造新社會來說，只能用電驅動機器不是什麼大問題，不過由於缺乏來自石油跟木頭提煉的有機燃料，因此供電量很快就會變成一項挑戰。太陽能跟核能將是火星上最便於取得的兩種電力來源。我預期未來太陽能是火星電力的主要來源，而且這種情況會維持好幾年。不過要注意的是，侵襲火星的高能輻射比地球強，可能會損壞原本為地球設計的太陽能板，因此還得研發更為耐用的太陽能板模組。

除此之外，由於火星上沒有儲藏天然的石油或天然氣，因此各大公司跟各國無法在火星上輕易地製造塑膠、天然或合成橡膠、潤滑劑、瀝青、織品、化妝品，以及所有你能想見的裝置跟機器裡的某些部件。幸好這些材料裡，有許多可以使用從火星大氣移除的碳、植物排出的副產品，以及火星上可供開採的礦藏加以製造。

最後再提醒一點：我們目前對於火星內部有什麼東西，所知非常有限。我們既不知道火星內部是否有植物生長所需的一切礦物質，也不知道鐵、鎳、銅、鋁、硫等等元素是否就在火星表面附近，並在不久的未來加以開採。若是沒有這些「天然資源」，就不太可能打造棲息地、載具、工具、橋樑、機器等等重工業產品。倘若火星無法直接供應製造業必須用到的元素，最後可能還得在小行星上開採再運到火星，不過這是很久以後的事了。

早期移居者的需求

首批火星移民者所需的一切物資，都得從地球運來，這對於後勤補給可是一大挑戰。理想狀況為：建造早期棲息地所用的部件會來自地球，運到火星之後再組合起來，然而前提是所有部件都必須安全運抵火星。想要安穩地登陸火星，而不至於損及太空船上運載的各種電子設備、管線及遮蔽材料等等建造棲息地的部件，十分不容易。若想要把所有棲息地的基礎建材完整無缺地一次送上火星，恐怕有些緣木求魚。

火星地球化

幸好到目前為止，移居火星的過程似乎還沒有出現任何基本障礙。不過想要把火星加以地球化，也就是在火星上製造可供呼吸的大氣以及大量液態表面水，終究只是一個夢想。火星的質量不夠，因此重力也不足以維持可供人類呼吸的大氣，或是讓地表存在大量的液態水。

　　水分子或氧分子一進入空氣，就會被陽光加熱。許多水分子跟氧分子受到太陽發出的紫外線輻射照射之後，會裂解為個別原子；這些原子有的會跟空氣中的其他原子或分子結合，有的移動太快，直接飛進太空裡，一去不復返。地球質量夠大，因此其重力足以防止大氣裡的大多數氣體飄散到太空中（雖然多少還是會失去一些）；然而火星的質量跟重力都不足以留下氧或水，因此火星地球化可能只存在於科學範疇之外。

火星移民者的社會與精神健康需求

　　生存是必須的，但是對於人類的健康與福祉來說，光是能夠生存還不夠。我們需要感覺到自己在做有用的事，也要能夠自得其樂。因此火星棲息地必須具備能夠讓人們保有一些隱私的基礎設施、能夠產生社會互動的機會、具有生產性的工作，以及娛樂設施等等。

　　在生存所需的硬體設備到位之後，就必須處理人們具有不同政治、宗教以及社會信仰的事實，因為這會影響到他們彼此的互動。背景相近的人，無可避免地會結成團體；然而在火星上沒辦法隨便搬到另一個城市或國家，因此團體間如何進行互動，就是一項最好能未雨綢繆的重要議題。

　　火星移民的社會互動將會成為小型早期移民地能否成功的關鍵。毫無疑問一定會發生偷竊、強姦或暴力相向等等犯罪行為，倘若火星社會沒有辦法處置這些罪犯，或是沒有一個能夠保護無辜人民免受誣告的司法系統，麻煩可就大了。這意味著火星棲息地必須要有監獄，以及其他能夠把威脅社會安危的人繩之以法的手段。

　　這就得談到早期棲息地最需要認真考量的問題之一：如何在人們受到傷害甚至死亡之前，以有建設性的方式處理必定會出現的精神健康問題？無論事前的篩檢工作多麼完備，總是會有些人因為體內生化反應，或是遭到同行旅客孤立等等社會壓力，抑或自己犯思鄉病，最終在火星上出現精神健康危機。火星社會能否順利運作取決於是否有診斷、藥物、收容，以及療法等等對應手段。

　　人們在棲息地從事不同的工作，其價值也有所差異，這也是關鍵之一。換句話說，新社會發展出彼此競爭的經濟體，最終也會影響到地球上各大公司跟各國的產值。同理，各階段的教育也是社會能否成功運作的必要因素。無論是高等技職教育或是高等普通教育都非常重要，這樣隨著移居社會發展，所需的技術才能夠與時俱進，提供足夠的醫師、律師、工程師、科學家、社工人員，以及其他各種複雜社會所需的專業人才。

　　就如同地球上的情形，隨著火星人口成長，人們會發展出不同的政治、社會與宗教信仰。生活在火星不同區域的人們會如何組成邦國？這些團體之間，以及跟地球上的不同國家、公司、宗教與族群團體之間，又會產生什麼樣的互動呢？

你應該移民火星嗎？

　　除非我們發現更多關於微重力以及火星的事實，不然以目前的醫學知識而言，移民火星受嚴格限制。首先（也是最重要的），未滿26歲的人不該移民火星；雖然多數人在18歲左右就不會再長高，然而人類大腦最起碼要到25歲以後才會停止繼續發育；倘若尚在發育中的大腦暴露於太空輻射之下，新成形的細胞就有可能受到比在地球上更嚴重的損傷。在我們確定這種損傷不會對年輕人造成傷害之前，不應該置他們於險境。

雖然目前還沒有實驗證據，不過如果帶著小孩穿越微重力環境前往火星，可能會使得他們的骨骼與內臟發育不良。換言之，他們長大成人之後的身形可能會跟生長在地球上的同儕不太一樣；這個推測是根據我們在第六章跟第七章，探討身體在失重狀態下的調適。而太空裡欠缺多樣性飲食，這對於幼兒的身體與大腦發育，可能也會有深遠的影響。

太空醫學研究者已經發現，人在太空裡會出現各種醫學症狀，足以判定某些人不應該成為太空旅客。我們可以依此合理地推斷，這些人也不適合參加為時六個月以上的太空旅行，更別說前往火星了，因為長途旅程會使問題加劇，導致生病機率高到令人無法接受，甚至英年早逝。

孕婦也不該前往火星。從地球前往火星途中，孕婦的晝夜節律會嚴重受到微重力環境影響，這會干擾發育中胎兒接收營養的過程，然而目前還不清楚會導致什麼後果。限制懷孕婦女前往火星的另一個原因是，胎兒在旅程中必須承受極高的輻射量，很有可能會對胎兒在子宮內的發育產生負面影響。

除非有證據顯示情況並非如此，不然也不建議婦女在抵達火星之後馬上懷孕，原因在於她們體內的卵子可能在穿越太空時受到輻射傷害。不過既然輻射會傷害卵子（無論是否受精），那麼移民婦女若是想要在火星上生小孩，該怎麼做？畢竟女性一出生時，所有的卵子就已經在體內了，不像男性的精子可不斷製造。而無論是卵子或精子，在太空中都會受到輻射損傷。

　　儘管如此，還是有辦法把健康的卵子帶上火星。首先，要移民火星的婦女，在地球上時就得先取出卵子，然後加以冷凍保存。並將這些冷凍卵（無論是否受精）置於可防護輻射的箱子裡，放在太空船深處，再運往火星。這樣做雖然不太可能完全阻絕輻射侵襲，不過以現今或是不久之後的技術水準來說，要做到地球大氣層保護卵子跟胚胎的程度應該不難。等卵子或胚胎運到有輻射保護措施的火星棲息地之後，再植入婦女子宮內；懷孕婦女在小孩出生之前，應該要留在棲息地內，不要外出，以免受有害輻射侵襲。

　　雖然小孩在地底不太會受到輻射跟宇宙射線的侵襲，然而他們跟地球上的人類相比，成長環境的重力條件仍然有所不同。這應該不會致命，不過一定會影響他們的身體發育，尤其是骨骼與肌肉的形成。

　　由於在火星上需要對抗的重力不像在地球上那麼大，小孩子的骨骼就不需要像在地球上那麼結實、肌肉用不著那麼強壯，不用做太多運動就能維持體態，就連心肌也不例外。因此火星小孩會產生不同的生理發育狀況，極有可能無法達到跟地球小孩同樣的體質。火星小孩的骨骼可能不夠強健，到了地球上不僅無法承擔自身重量也無法支持正常動作，心臟可能也無法強而有力地輸送血液。在火星低重力環境下成長所造成的其他生理差異，可能會相當廣泛。總而言之，火星小孩可能會成為一個新物種，到時候我們是否會因而覺得他們是外星人呢？

移民的社會限制

雖然每個社會、階級、教育程度、宗教、性別跟性取向不同的人，可能都想要移民火星，然而有幾個社會因素值得在行前深思熟慮。最需要考量的是，移民火星幾乎不可能再返回地球。雖然自古以來，人們就經常離鄉背井，但總是有辦法返鄉；即使在政治上、社會上、情緒上或經濟上無法允許他們返鄉，但最起碼他們是有機會回家的。然而要從火星返回地球，除了經濟成本相當可觀以外，一但在低重力環境下待久了，身體產生的生理變化會使回家變成一件非常危險的事。很可能回家不久後就出現身體衰弱情形，甚至蒙受致命傷害。

思鄉

太空旅行的光鮮亮麗雖然能夠讓大多數的火星移民堅持到最後，但是在旅程中的某個時候，他們可能還是會產生嚴重的思鄉情緒。在理智上知道移民多半會思鄉是一回事，但是當思鄉情緒消磨心志，讓你覺得這趟旅程不過爾爾，又是另外一回事。思鄉的症狀詳見第八章，大多數的人可以克服這些症狀，但這會留下永久的情緒傷痕，之後可能會產生深遠的影響。有些藥物可幫助你克服嚴重思鄉的某些症狀。不過儘管如此，太空旅行還是能為你的人生經驗增添不少色彩。

在地球上的親朋好友

火星移民會犯思鄉病，同樣地，留在地球上的人一想到再也見不到離鄉遠去的人，其內心衝擊可能會相當嚴重。倘若年輕父母決定接受移民火星的機會，他們必須把子女留在地球上。當然，歷史上不乏留下子女、自行移民的父母，但是絕大多數的子女堅信，無論是有朝一日自己前往新天地，或是父母返鄉，總有一天會再相聚。

倘若父母的移民範圍就在地球，重逢機率自然不小。火星移民者的子女最終也有可能跟火星上的父母團聚，但這意味著他們必須拋下地球的生活跟朋友。雖然過去在地球上的例子，前往新天地與父母團聚的子女，等於是脫離原本窮困的生活狀況與社會地位，然而對於火星移民者的子女來說卻不太可能是這種情況：他們必須拋下朋友、戀人、大家庭、工作、休閒活動等等，前往一個既遙遠又相對貧瘠的世界，幾乎無望回到繁盛的地球。

返回地球的太空旅客

「我的身體越來越差，骨頭越來越疏鬆。我再也不是地球人，而是怡然自得的太空人類。已經適應太空的我，回到地球之後可能會更難適應，這想法縈繞在我腦中，揮之不去。」

——傑瑞・林恩格，《飛離地球》（*Off the Planet*）

心理與社會重新適應

我20歲出頭時，曾獨自在歐洲生活了三年。起初我誰也不認識，對於當地（英國威爾斯）習俗也不甚了解。當時我是一名研究生，研究的是據說最具挑戰性的科學領域：愛因斯坦的廣義相對論。我的生活曾連續幾個月亂成一團，直到一切上軌道之後，才總算能夠好好享受各式各樣有趣的生活體驗，像是爬進還在開採中的煤礦坑、駕車橫越歐洲、站在瑞士瑞吉峰的峰頂俯瞰白雪皚皚的阿爾卑斯山、在薩爾茲堡聆聽世界級的音樂表演、在西西里島一座山上待了一星期，還在霍金跟他的劍橋研究小組前發表研究成果等等。

我在畢業後返鄉，家鄉所有親朋好友的行為舉止都跟三年前差不多。然而我已不是三年前離開美國的我。這段期間我見識過也嘗試過許多事物，產生的改變難以言喻。我看待世界的方式已然改變，比方說當我站在阿爾卑斯山頂時，我發現自己用一種前所未有的角度思考關於地球大規模特徵的問題。山脈是怎麼形成的？它們彼此之間，以及跟世界上其他事物之間，又有什麼關聯？在一個被人類搞得亂糟糟的世界裡，這會帶給你一種美感與秩序感。然而這種情形跟你從太空返回地球時的感覺相比，根本是小巫見大巫，即使你只是在太空待了短短一段時間也不外乎。

當你的太空旅程接近尾聲時，你已經離開地球好幾個小時、好幾個星期、好幾個月，甚至好幾年了，沒有幾個地球人曾體會你見識過並且做過的事情。也許當你還小的時候，曾經夢想過要像超人一樣四處飛行，如今你在太空中已經做到了。你還會拍下數以千計的照片、觸摸另一個星體的表面紋理、聞到不同的氣味、看到不同的景致。你理所當然會把這個星體上的一切，跟地球比較，然後發現它們真的很不一樣。這會使你對地球產生新的看法，並且永久改變你的思考方式。

每當你摸著從其他星體帶回的紀念品樣本時，就會以你很難跟親朋好友描述的方式，回到現場。這趟旅程也會大大改變你對於太陽系其他星體的看法。倘若一切順利，你在太空中會跟同行旅客、觀光客跟船員等人（至少是其中一些人），發展新友誼，並建立很強的社群感。你會變得很習於操作某些當代最為複雜的工程與科學設備，這會讓你覺得自己很有能力；在家鄉的人只能透過網路或科幻電影瞥見這些高端科技，你可能也會因而感到優越。倘若旅程時間夠長，你也許還有時間去修習那些你一直很有興趣，但始終騰不出時間的課程。此外還有太空漫步，以及無拘無束飄浮在半空中的神奇體驗（幸好其他人會把你拉回太空船，但你不見得想要回去！）

最為鮮明的經歷可能是你會看到整個地球，這比我在瑞吉峰上看到的景致還要完整。你也許一看就是好幾個小時，看過那般景致的人都會深受感動。從太空船窗戶望向深太空，一眼看見整顆星體，那感覺十分特別，尤其是當你望向地球時；所有人都說只有親臨現場，才能體會那是什麼感覺。那不只是迷人景致，而是一種知道那是家鄉的奇妙感覺：那是你的家、親朋好友的家，也是我們所知一切生命的起源。窗外那顆藍色、褐色、白色相間的圓球，孕育出已知宇宙裡，最為複雜、美麗、獨特又別具意義的事物。

當你在太空中看見地球，把它想作單一個體時，可能會心生疑惑：地球上的人們對於地球、生命以及萬事萬物的觀點，怎麼會如此狹隘？你可能不禁會想，為什麼人類就是無法好好地一起生活，總要彼此傷害？畢竟我們只是人類，不過是生活在同一行星上的同一物種。你在太空中也會發現，地球是多麼地獨特又脆弱。全宇宙根本沒有任何東西能夠跟地球比擬。

你的太空之旅當然不會總是美好。你的身體會因為太空環境而有所調整，頭幾天臉會腫到不行，還會三不五時就想跑廁所尿尿。你寧可不要想起那種彷彿感冒的感覺，或是太空暈眩造成嘔吐的經驗，就算這一切都過去之後，睡眠問題仍然會在大半的旅程裡糾纏著你。你可能也會歷經令人混淆不清、感到很不舒服的感知與心理調適過程，比方說得要學著如何跟一個頭下腳上的人交談。

倘若你參與長途旅程，很可能會有很長一段時間（或起碼感覺很漫長），團體中一半的人壓根不會跟另外一半的人交談，或是有人表達不滿的方式不太恰當。你可能在心理諮商人員的協助下，克服了幽閉恐懼症。也許有位同行旅客扭傷了腳踝，整趟旅程都一跛一跛的，船上每個人都感同身受，同時暗自慶幸受傷的不是自己。你可能聽到家裡傳來壞消息，因而消沉了好一陣子，船上的心理諮商人員也幫不上什麼忙。現在你可以想像一下，再過幾個小時就會著陸，你摯愛的家人都在等待你歸來，這時你心中會有何感覺。

心理重新適應

返鄉通常是令人興奮的時刻。人們彼此團聚，交換故事跟禮物，擬定接下來的計畫，然後繼續過日子。然而在快樂歡聚過後，會有一段需要相當努力的調整期。關於你在重新適應地球生活、重建先前拋下的人際關係時，會碰上什麼樣的狀況，可參考在南極大陸過冬、在潛水艇上長期航行、自願參與監禁實驗，以及長期派駐太空站的人們所提供的經驗。

最主要是你的太空冒險之旅使你有別於沒去過的人。你會因為參與了這趟冒險，享有某種程度的知名度，不過當然比不上頭幾波太空人那樣名滿天下。儘管如此，人們一旦知道你曾經「在太空」待過，還是會跟你要簽名和合照。相對來說，你也會有很長一段時間，會覺得每個人都是「他們」的分別心，就連親朋好友也不例外。

你自己、你的家人以至於朋友，在你離家的這段時間，都會有所轉變。與親朋好友分離，跟另一群人長期相處的人，會發展出另一套人際行為模式；想要做回先前的「自己」，往往困難重重，甚至永遠也不可能辦到。你再也不是離鄉背井之前的那個人，而你在地球上曾經一度很親密的人們，同樣也不會原地踏步，他們會隨著生活不斷成長轉變。一般來說，跟你比較親密的那些人，本身就是造成你轉變的部分因素，每個人都會持續彼此調整以適應對方。問題在於當你離開很久，從遙遠的地方返鄉之後，你跟你「拋下」的人們，已經變得非常不一樣，就算每天都有視訊通話，你也不是他們產生轉變的部分因素，因此你再也不像以前那樣了解他們。

當你回地球之後，重新調整自己將是你的首要目標。太空旅行會加長調整期的時間，以及重建這段期間的人際考驗。即使你的太空之旅只有短短幾個星期，你也會受到這段太空經驗的影響，產生非常深刻的轉變，沒有上過太空的人，實在很難理解那是什麼感覺。上過太空的人都說，他們對自己生命的看法、對生命有何意義的整體概念，以及他們的宗教或政治信仰，都受到這趟旅程影響而轉變。

就如同前太空人傑瑞・林恩格在其著作《飛離地球》所言：

「我擔任美國海軍軍官有20年之久，深知國家有多麼需要武裝力量。我也曾經從太空中看過渾圓一體的地球。

當你從這個角度看事情時，人類彼此的爭鬥，就顯得毫
無意義。現在我只要看到任何形式的衝突，就會試著退
一步，從比較宏觀的角度檢視問題，然後就能心生諒
解。」

　　曾經困在帆船上，在北極獨自熬過一整個冬天的水手
艾娃・席夢（Alvah Simon），描述她在讀到內茲珀斯人（Nez
Perce）美洲大酋長喬瑟夫（First American Chief Joseph）著名的
〈我將永遠不再戰鬥了〉演說時，內心的激動之情。「我把書闔
上，哭到覺得自己彷彿跟他一樣肝腸寸斷。獨處在一片黑暗當
中的我，此生從未感覺到跟人類如此緊緊相連。」然而事實是，
人們會被太空中經歷的某些事情改變，這有時候會讓人們覺得
難以跟曾經很親密但是現在意見不同的人相處，甚至壓根就辦
不到。

　　重新調整你先前在地球上的人際關係，或是乾脆砍掉重
練，只占你返鄉之後調適過程的其中一部分。雖然你在太空中
大多數時候只是處理從某處移動到別處這種無聊小事，但是身
邊偶爾還是會穿插一些令人極為興奮、得意、驚奇，或是嚇壞
你的事情。回到地球之後可能會有一段時間，你看著那些好玩
但相對來說有點稀鬆平常的事物，只覺得這跟太空生活大異其
趣，有點接不上線。地球極為繁茂、複雜、善變又十分壯觀的
生態系，跟太空中的荒蕪之美相較之下，更會強化你心中那種
涇渭分明的疏離感。你曾經在兩個大相逕庭的環境下，歷經兩
種截然不同的生活，如今你得想個辦法調和這個衝突感。

　　在地球上唾手可得的各種物資，將會讓你難以適應。地球

上有各式各樣安全、有條理、可靠、可修理、用完即丟的產品，相較於在太空中你必須要經年累月地忍受、維護、修理、重複使用的各種東西，更會加劇地球與太空生活之間的差異。回到地球後最不容易適應的，是你又得開始付帳單、上班、煮飯、給汽車加油，這些你在太空時都不用管的日常瑣事，現在樣樣得自己來。我們從生活在南極大陸跟潛水艇上的人們身上得知，這些對比會製造出一種與他人疏離的感覺，往往需要一年以上才會逐漸消退。從南極大陸回到家鄉的人，比起一般人更容易產生嚴重憂鬱，酗酒跟嘗試自殺的的傾向也比較高。約翰‧隆恩（John Long）在其著作《瘋狂山脈》（*Mountain of Madness: A Scientist's Odyssey in Antarctica*）裡寫道：

「回到澳洲之後大約三個月，我的情緒有點不穩定。有時候我在看悲傷的電影，或是經歷情緒豐富的事件時，會無緣無故哭泣，有時候又會對單純的蠢事放聲大笑。也許我的大腦只是在釋放先前旅程中累積下來的莫名壓力而已。我的情緒最終看來好像還是穩定了，回歸正常，但是老實說，情況跟我出發之前再也不一樣了。」

過去的自己將一去不復返，請做好心理準備。

生理重新適應

打從你返回地球的那一秒開始，生理就會進入重新適應階段。由於第六章跟第七章討論過的那些生理變化，包括你的骨骼、循環系統、肌肉、平衡感、身體姿勢，以及睡眠循環，都已經適應太空生活，但是並不適合地球的重力環境。林恩格博士在和平號太空站生活了四個月，回到地球上跟家人團聚之後，他這麼說：「我的兄弟說他第一眼看到我的時候嚇壞了，因為我看起來非常瘦弱、肌肉泛白、移動時搖搖晃晃，就像好幾個星期沒睡覺，連跟我握手都覺得不能太用力。」（《飛離地球》P.233）

你回到地球之後，自己身體跟周遭環境之間的感覺（也就是本體感覺），跟在太空時有所不同；即使只是伸手拿架子上的東西，你可能也會發現自己做起來感覺很不一樣，無法拿捏分寸。你的免疫系統也需要時間恢復，這表示你會有段時間比先前更容易生病。

你的太空之旅倘若超過一個月，回到地球的調適期有些只要幾天（調整各種姿勢的變化，比方說要怎麼坐下或起身才不會覺得暈眩不穩，以及諸如駕駛之類的本體感覺活動），有些則需要好幾週（像是平衡感[3]跟走路的感覺，以及兩眼如何同時轉動），有些甚至需要好幾年（肌肉、骨質跟睡眠回復常態）。你的脊椎在地球的重力作用下也會重新壓縮，這時你可能會感到背痛。林恩格博士活靈活現地描述了他從和平號太空站返回地球後，就連簡單沖個澡都得要使出渾身解數的情形：「從蓮蓬頭噴出的水滴，就像BB彈一樣炸在我身上，彷彿彈如雨下。我的大腦還沒適應地球生活，而在太空中碰到這樣的力量時，你當下的本能反應是從水流底下逃開……我也曾經試著咬緊牙根，在淋浴的水珠力道下撐一陣子，但最後還是放棄了。我在太空時經常想著，回到地球要痛痛快快地洗個澡，最後卻是人坐在淋浴間的地上，讓水從蓮蓬頭慢慢滴出來，如此草草收場。」（《飛離地球》P.234）

---

3 有些太空人在報告中提到，即使返回地球多年，他們的平衡感仍然不如往昔。

他後來開始執行骨質與肌肉的生理復健計畫，也提到了有種以為自己細皮嫩肉，很容易受傷的感覺。在經過一段費盡努力的復健練習之後，他提到：「重建神經與肌肉傳導路徑，似乎是最難以復原的部分……回到地球上幾乎過了一年，我仍然感覺不到液體在身體上自然流動。」（《飛離地球》P.237）過了幾年之後我見到林恩格博士，本人看起來倒是相當結實，想做什麼都沒問題。

　　你回到地球之後，可能也會出現睡眠障礙，原因可能來自生理跟心理。你的身體必須要重新適應在正常的1G環境下如何睡眠，其晝夜節律的亮暗、冷暖、吵雜與安靜的交替變化，比在太空時更為明顯。林恩格博士曾經這麼寫道：「重力把我重重地往床墊裡頭拉進去。」（《飛離地球》P.234）有些從南極大陸回來的人也說自己的睡眠問題長達兩年。

　　若你離開地球的旅程倘若數星期以上，我強烈建議你登陸之後不要馬上離開飛行載具。雖然這樣好像會失去一點尊嚴，無法享受英雄式的歡迎，卻能夠使你免於因為流失鈣質而骨折、因為循環系統血流量太少而昏倒、因為本體感覺跟深度感知失靈而撞上東西，或是因為肌肉無力跌倒，而在大眾面前出糗的命運。林恩格博士現身於大眾之前，諄諄告誡自己的是：「傑瑞，無論如何千萬別昏倒啊！」旅客家屬會在登陸車外鋪上紅地毯迎接，但是你搞不好只有舉起一隻手揮一揮的力氣。

　　經過了好幾個月甚至好幾年，你的親友看上去固然有所轉變，他們看你更覺得截然不同。倘若你搭乘的太空船沒有人工重力環境，你的體重一定會大幅減少。由於肌肉在太空中流失不少，你會變得比離開地球之前更虛弱；由於你在整趟旅程中幾乎都是軟趴趴的，就地球標準來說，體態一定會很差。

　　每個從長途太空旅行回來的人可能都會有個跟親友會面並交換禮物的私人房間。倘若你前往的是火星或其他遠離地月系統的地方，工作人員把你移到房內的床上之後，你可能連起身都沒辦法，更別說把親友的小孩抱起來了。當然，會有人事前告訴那些在地面上等著迎接你的人，看到你的時候要有什麼心理準備。重建在地球上的生活，將是一場戰鬥，不過這過程也蠻有趣的啦！

十的冪次

　　天文學是一門探究極端的學問。我們在探究各種宇宙環境時，會發現各種驚人的狀況，像是極熱、密度極大的恆星中心，以及冰冷、幾近完美的星際太空真空等等。為了準確描述這些林林總總的狀況，我們需要用到非常大跟非常小的數字。天文學家為了避免使用「一兆兆」（1,000,000,000,000,000,000,000,000,000）這種令人混淆的用語，因此採用一種標準的縮寫系統：將一長串累贅的零，濃縮成一個10加上一個上標的指數，稱為「十的冪次」。上標的指數代表這串數字後面有幾個零。因此：

$$10^0 = 1$$
$$10^1 = 10$$
$$10^2 = 100$$
$$10^3 = 1,000$$
$$10^4 = 10,000$$

　　以下類推。指數等於是告訴你，你要相乘多少個10，才能得到原本的數值。舉例來說，一萬可以寫成 10^4（十的四次方），因為 $10^4 = 10 \times 10 \times 10 \times 10 = 10,000$。

　　數字以科學記數法表示時，就是寫成一個1到10之間的數字，乘以適當的10的次方。舉例來說，273,000,000可以寫成2.73×10^8；地球與太陽之間的距離，可以寫成1.5×10^8公里。一旦你習慣了這種寫法，就會發現這比「150,000,000公里」或是「一億五千萬公里」來得更方便。

　　這套十的冪次系統，只要在指數前面加個負號，也可以用來表示小於1的數字。指數是負數的時候，就等於是在告訴你小數點要放在哪裡：

$10^0 = 1.0$

$10^{-1} = 0.1$

$10^{-2} = 0.01$

$10^{-3} = 0.001$

$10^{-4} = 0.0001$

以下類推。舉例來說，氫原子的直徑大約是1.1×10^{-8}公分，這比「0.000000011公分」或是「10億分之11公分」，來得更方便。同樣的道理，0.000728也可以寫成7.28×10^{-4}。

　　利用十的冪次，你可以精簡地表示很大或很小的數字：

$3,416,000 = 3.416 \times 10^6$

$0.000000807 = 8.07 \times 10^{-7}$

　　十的冪次縮寫法可以省掉一大串累贅的零，所以可以精簡表示：

一千 $= 10^3$

一百萬 $= 10^6$

十億 $= 10^9$

一兆 $= 10^{12}$

同理：

一千分之一 $= 10^{-3} = 0.001$

一百萬分之一 $= 10^{-6} = 0.000001$

十億分之一 $= 10^{-9} = 0.000000001$

一兆分之一 $= 10^{-12} = 0.000000000001$

參考書目

一般資訊

Asashima, M. and G. M. Malacinski, eds. *Fundamentals of Space Biology*. Tokyo: Japan Scientific Societies Press and Springer-Verlag, 1990.

Ball, J. R. and C. H. Evans Jr., eds. *Safe Passage: Astronaut Care for Exploration Missions* . Washington, DC: National Academy Press, 2001.

Cheston, T. S. and D. L. Winter, eds. *Human Factors of Outer Space Production* . AAAS Selected Symposium 50. Boulder, CO: Westview Press, 1980.

Clay, R. and B. Dawson. *Cosmic Bullets* . Reading, MA: Helix Books/ Addison-Wesley, 1997.

Collins, P. and K. Yonemoto. "Legal and Regulatory Issues for Passenger Space Travel." http://www.spacefuture.com/archive/legal_and_ regulatory_issues_for_passenger_space_travel.shtml.

Comins, N. F. and W. J. Kaufmann III. *Discovering the Universe* . 10th ed. New York: W. H. Freeman, 2014.

Drury, S. *Stepping Stones: The Making of O ur Home World* . Oxford: Oxford University Press, 1999.

Festou, M. C., H. U. Keller, and H. A. Weaver, eds. *Comets II* . Tucson: University of Arizona Press in collaboration with the Lunar and Planetary Institute, 2004.

Freeman, M. *Challenges of Human Space Exploration* . Chichester, UK: Praxis, 2000.

Harris, P. R. *Living and Working in Space* . 2nd ed. Chichester, UK: Praxis and John Wiley, 1996.

Huntoon, C.L.S., V. V. Antipov, and A. I. Grigoriev, eds. *Space Biology and Medicine Volume 3: Humans in Spaceflight* . Reston, VA: AIAA Press, 1997.

ISS Benefits for Humanity. http://www.nasa.gov/mission_pages/station/research/ benefi ts/ index.html.

Landisa, R. R. et al. "Piloted Operations at a Near-Earth Object (NEO)." *Acta Astronautica* 65 (2009): 1689–1697.

Larson, W. J. and L. K. Pranke. *Human Spaceflight: Mission Analysis and Design* . New York: McGraw-Hill, 1999.

Lewis, J. S. *Physics and Chemistry of the Solar System* . Rev. ed. San Diego: Academic Press, 1997.

"Man-Systems Integration Standards, Revision B." http://msis.jsc.nasa.gov/.

McNamara, B. *Into the Final Frontier: The Human Exploration of Space* . Fort Worth: Harcourt, 2001.

"Mission Preparation and Prelaunch Operations." http://science.ksc.nasa.gov/shuttle/technology/sts-newsref/stsover-prep.html.

"New Regulations Govern Private Human Space Flight Requirements for Crew and Space Flight Participants, FAA." http://www.faa.gov/about/office_org/headquarters_offices/ast/human_space_flight_reqs/.

Ordyna, P. "Insuring Human Space Flight: An Underwriter's Dilemma." *Journal of Space Law* 36 (2010): 231–251.

"Phantoms from the Sand: Tracking Dust Devils Across Earth and Mars." http://www.nasa.gov/vision/universe/solarsystem/2005_dust_devil.

html.

Press, F. and R. Siever. *Understanding Earth* . 3rd ed. New York: W. H. Freeman, 2001. Shayler, D. J. *Disasters and Accidents in Manned Spaceflight* . Chichester, UK: Praxis, 2000.

Siegel, K. "Forging Into the Final Frontier." http://www.riskandinsurance. com/forging-final-frontier/.

Space Data. 5th ed. Redondo Beach, CA: Northrup Grumman Space Technology, 2003.

"Space Flight Participants in Government Space Programs, NASA." https://www.google.com/url?sa =t&rct=j&q=&esrc=s&source=web&c d=3&ved=0CCsQFjACahUKEwjS3rvkr_zHAhWHqh4KHU2JDkQ&u rl=http%3A%2F%2Fwww.dsls.usra.edu%2Feducation%2Fgrandround s%2Farchive%2F2008%2F20080826%2Fdavis.pdf&usg=AFQjCNFhv 88Vucm6uqPNJlWuhI4a7aws1w.

"Space Stations." http://www.scienceclarifi ed.com/scitech/Space-Stations/ index.html.

Tyson, N. D. *Space Chronicles* . New York: Norton, 2013.

"The U.S. Commercial Suborbital Industry: A Space Renaissance in the Making."https://www.google.com/url?sa=t&rct=j&q=&esrc =s&source=web&cd=1&cad=rja&uact=8&ved=0CB4QFjAAa hUKEwjEz7O6sPzHAhWGXB4KHYucBb0&url=https%3A%2 F%2Fwww.faa.gov%2Fabout%2Foffice_org%2Fheadquarters_ offices%2Fast%2Fmedia%2F111460.pdf&usg=AFQjCNGC3PTjm7Qu 7XL9FywHYLG-ggkDAA.

火星

"Common Surface Features of Mars." https://en.wikipedia.org/wiki/ Common_surface_features_of_Mars#Mantle.

"Fretted Terrains and Ground Deformation." http://www.jpl.nasa.gov/ spaceimages/details.php?id=PIA17571.

Hoffman, S. J. and D. L. Kaplan, eds. "Human Exploration of Mars: The Reference Mission of the NASA Mars Exploration Team." 1997. http:// www.nss.org/settlement/mars/1997-NASA-HumanExplorationOfMars ReferenceMission.pdf.

Hopkins, J. B. and W. D. Pratt. *Comparison of Deimos and Phobos as Destinations for Human Exploration and Identification of Preferred Landing Sites* . AIAA SPACE 2011–7140 Conference & Exposition, September 27–29, 2011, Long Beach, California.

Kieff er, H. H., B. M. Jakosky, C. W. Snyder, and M. S. Matthews, eds. *Mars* . Tucson: University of Arizona Press, 1992.

Kress, A. M. and J. W. Head. "Ring-Mold Craters in Lineated Valley Fill and Lobate Debris Aprons on Mars: Evidence for Subsurface Glacial Ice." *Geophysical Research Letters* 35 (2008): L23206. doi:10.1029/2008GL035501. www.planetary.brown.edu/pdfs/3604.pdf.

Levy, J., J. W. Head, and D. R. Marchant. "Concentric Crater Fill in the Northern Mid-Latitudes of Mars: Formation Processes and Relationships to Similar Landforms of Glacial Origin." *Icarus* 209 (2010): 390–404. www.planetary.brown.edu/pdfs/3798.pdf.

"Mars as Art." http://mars.nasa.gov/multimedia/marsasart/.

"Martian Glaciers and Brain Terrain." http://hirise.lpl.arizona.edu/ ESP_033165_2195.

"A New Way to Reach Mars Safely, Anytime, and on the Cheap." http:// www.scientificamerican.com/ article/a-new-way-to-reach-mars-safely- anytime-and-on-the-cheap/.

Oberg, J. "Red Planet Blues." *Popular Science* 263, no. 1 (July 2003).

Petranek, S. M. *How We 'll Live on Mars* . New York: Simon & Schuster/

TED, 2015.

Roach, M. *Packing for Mars* . New York: Norton, 2011.

Safe on Mars: Precursor Measurements Necessary to Support Human Operations on the Martian Surface . Washington, DC: National Academy of Sciences.

Shayler, D. J., A. Salmon, and M. D. Shayler. *Marswalk One* . Chichester, UK: Praxis, 2005.

"Slope Streaks on Mars: IAG Planetary Geomorphology Working Group: Featured Images for August 2009." http://www.psi.edu/pgwg/images/aug09image.html.

Stoker, C. R. and C. Emmart, eds. *Strategies for Mars: A Guide to Human Exploration* .

Science and Technology Series, Vol. 86. San Diego, CA: Univelt— American Astronautical Society, 1996.

Taylor, F. W. *The Scientific Exploration of Mars* . Cambridge, UK: Cambridge University Press, 2010.

Tillman, J. E. "Mars: Temperature Overview." http://www-k12.atmos. washington.edu/k12/ resources/ mars_data-information/temperature_overview.html.

Zubrin, R. *How to Live on Mars* . New York: Th ree Rivers Press, 2008.

_____. *The Case for Mars* . New York: Free Press, 2011.

For many more beautiful pictures of the surface of Mars, visit: http://beautifulmars.tumblr.com/.

月球

Biesbroek, R. and G. Janin. *Ways to the Moon?* ESA Bulletin 103 (August 2000).

Eckart, P. *Lunar Base Handbook* . New York: McGraw-Hill, 1999.

"Field Testing for the Moon." http://www.nasa.gov/exploration/analogs/ then-and-now.html.

Heiken, G. H., D. T. Vaniman, and B. M. French. *Lunar Sourcebook: A User 's Guide to the Moon* . Cambridge: Cambridge University Press, 1991.

"181 Things to Do on the Moon." http://science.nasa.gov/science-news/ science-at-nasa/2007/ 02feb_181/.

"The Smell of Moondust." http://science.nasa.gov/headlines/y2006/30jan_ smellofmoondust.htm.

"Spacelog Apollo 11." http://apollo11.spacelog.org/page/03:04:57:00/.

地球大氣層

Brooks, C. G., J. M. Grimwood, and L. S. Swenson Jr. *Chariots for Apollo: A History of Manned Lunar Spacecraft*. Washington, DC: NASA SP-4205, 1979.

"The Case of the Electric Martian Dust Devils." http://www.nasa.gov/ centers/goddard/news/topstory/ 2004/0420marsdust.html.

Goody, R. *Principles of Atmospheric Physics and Chemistry*. New York: Oxford University Press, 1995.

"Mars." http://humbabe.arc.nasa.gov/MGCM.html.

Marshall, J., C. Bratton, J. Kosmo, and R. Trevino. "Interaction of Space Suits with Windblown Soil: Preliminary Mars Wind Tunnel Tests." SETI Institute, MS 239–12,

NASA Ames Research Center, Moff ett Field, CA. http://www.lpi.usra.edu/ meetings/LPSC99/pdf/ 1239.pdf.

"NASA Toxicology Group." http://www1.jsc.nasa.gov/toxicology/ and references cited therein.

Ogilvie, K. W. and M. A. Coplan. "Overall Properties of the Solar Wind and Solar Wind Instrumentation." *Review of Geophysics* 33 Suppl. (1995).

Petit, D. "Th e Smell of Space." http://spacefl ight.nasa.gov/station/crew/exp6/spacechronicles4.html.

Thompson, R. D. *Atmospheric Processes and Systems*. London: Routledge, 1998.

Wayne, R. P. *Chemistry of Atmosphere*. 3rd ed. Oxford: Oxford University Press, 2000.

太空輻射

Akasofu, S.-I. and Y. Kamide, eds. *The Solar Wind and the Earth* . Boston: Kluwer, 1987.

Barth, Janet. "The Radiation Environment." 1999. http://radhome.gsfc.nasa.gov/radhome/papers/apl_922.pdf.

Benestad, R. E. *Solar Activity and Earth's Climate* . Chichester, UK: Praxis, 2002.

Carlowicz, M. J. and R. E. Lopez. *Storms from the Sun: The Emerging Science of Space Weather.* Washington, DC: Joseph Henry Press, 2002.

Casolino, M., V. Bidoli, A. Morselli, L. Narici, M. P. De Pascale, P. Picozza, E. Reali, R. Sparvoli, G. Mazzenga, M. Ricci, P. Spillantini, M. Boezio, V. Bonvicini, A. Vacchi, N. Zampa, G. Castellini, W. G. Sannita, P. Carlson, A. Galper, M. Korotkov, A. Popov, N. Vavilov, S. Avdeev, and C. Fuglesang. "Space Travel: Dual Origins of Light Flashes Seen in Space." *Nature* 422, no. 680 (2003).

Catling, D. C., C. S. Cockell, and C. P. McKay. "Ultraviolet Radiation on the Surface of Mars." http://mars.jpl.nasa.gov/mgs/sci/fift hconf99/6128.pdf.

The Committee on Solar and Space Physics and the Committee on Solar-

Terrestrial Research. *Radiation and the International Space Station: Recommendations to Reduce Risk* . National Research Council, 2000.

Cucinotta, F. A., F. K. Manuel, J. Jones, G. Iszard, J. Murrey, B. Djojonegro, and M. Wear. "Space Radiation and Cataracts." *Radiation Research* 156 (5 Pt 1) (November 2001): 460–466.

Dooling, D. "Digging in and Taking Cover: Lunar and Martian Dirt Could Provide Radiation Shielding for Crews on Future Missions." http://science.nasa.gov/newhome/headlines/msad20jul98_1.htm.

English, R. A., R. E. Benson, V. Bailey, and C. M. Barnes. "Average Radiation Doses of the Flight Crews for the Apollo Missions." In *Apollo Experience Report — Protection Against Radiation.* Houston: Manned Spacecraft Center, 1973.

Johnston, R. S., L. F. Dietlein, and C. A. Berry. *Biomedical Results of Apollo* . NASA SP-368,1975.

Lilenstein, J. and J. Bornarel. *Space Weather, Environment , and Societies* . New York: Springer, 2006.

Miller, K. "Th e Phantom Torso." http://science.nasa.gov/headlines/y2001/ast04may_1.htm.

Miller, R. C., S. G. Martin, W. R. Hanson, S. A. Marino, and E. J. Hall. "Heavy-Ion Induced Oncogenic Transformation." *Center for Radiological Research Reports* 1998:21–24.

"NASA Facts: Understanding Space Radiation." October 2002. FS-2002–10–080-JSC.

"The Natural Space Radiation Hazard." http://radhome.gsfc.nasa.gov/radhome/Nat_Space_Rad_Haz.htm.

Ohnishi, T., A. Takahashi, and K. Ohnishi. "Biological Effects of Space Radiation." *Biological Science in Space* Suppl: S203–10 (October 15, 2001).

Parker, E. N. "Shielding Space Travelers." *Scientific American* (March 2006).

"Radiation and Long-Term Space Flight." http://www.nsbri.org/Radiation/ (This site contains many useful links, only a few of which are cited here explicitly.)

Ramaty, R., N. Mandzhavidze, and X-M Hua, eds. *High- Energy Solar Physics* . Woodbury, NY: American Institute of Physics Press, 1996.

Saganti, P. B., F. A. Cucinotta, J. W. Wilson, and W. Schimmerling. "Visualization of Particle Flux in the Human Body on the Surface of Mars." http://www.ncbi.nlm.nih.gov/pubmed/12793743.

Saganti, P. B., F. A. Cucinotta, J. W. Wilson, L. C. Simonsen, and C. Zeitlin. "Radiation Climate Map for Analyzing Risks to Astronauts on the Mars Surface from Galactic Cosmic Rays." http://link.springer.com/article/10.1023%2FB%3ASPAC.0000021010.20082.1a.

Simonsen, L. C. and J. E. Nealy. "Mars Surface Radiation Exposure for Solar Maximum Conditions and 1989 Solar Proton Events." NASA Technical Paper 3300, February 1993.

"Single Event Effect Criticality Analysis." Section 3. 1996. http://radhome.gsfc.nasa.gov/radhome/papers/seecai.htm.

"Solar Iradiance [*sic*]." http://hyperphysics.phy-astr.gsu.edu/hbase/vision/solirrad.html.

"Space Station Radiation Shields 'Disappointing.'" http://www.newscientist.com/article.ns?id=dn2956.

Stern, D. P. and M. Peredo. "The Tail of the Magnetosphere." http://www-istp.gsfc.nasa.gov/Education/wtail.html.

Stewart, R. D. "The Nature of a Fatal DNA Lesion." Pacific Northwest National Laboratory-SA-30810, June 25, 2001.

Stozhkov, Y. I. "The Role of Cosmic Rays in the Atmospheric Processes."

Journal of Physics : Nuclear and Particle Physics 29 (2003): 913–923.

Task Group on the Biological Effects of Space Radiation, Space Studies Board, and Commission on Physical Science, Mathematics, and Applications, National Research Council. *Radiation Hazards to Crews of Interplanetary Missions* . Washington, DC: National Academy Press, 1996. http://www.nap.edu/books/0309056985/html/R1.html.

Tobias, C. A. and P. Todd, eds. *Space Radiation Biology and Related Topics* . New York:Academic Press, 1974.

Townsend, L. W. "Overview of Active Methods for Shielding Spacecraft from Energetic Space Radiation." *Physica Medica* 17, Suppl. 1 (2001): 84–85.

"Understanding Space Radiation." NASA Fact Sheet FS-2002–10–080-JSC. October 2002. http://spacefl ight.nasa.gov/spacenews/factsheets/pdfs/radiation.pdf.

U.S. Army Corps of Engineers. *Engineering and Design—Guidance f or Low-Level Radioactive Waste (LLRW) and Mixed Waste (MW) Treatment and Handling* . EM 1110–1-4002, 1997.

"What Is Space Radiation?" http://srag-nt.jsc.nasa.gov/spaceradiation/what/what.cfm.

Wilson, J. W., F. A. Cucinotta, M-H.Y. Kim, and W. Schimmerling. "Optimized Shielding for Space Radiation Protection." *Physical Medica* XVII, Supplement 1 (2001).

Wilson, J. W., F. A. Cucinotta, H. Tai, L. C. Simonsen, J. L. Shinn, S. A. Thibeault, and M. Y. Kim. "Galactic and Solar Cosmic Ray Shielding in Deep Space." NASA Technical Paper 3682, 1997.

Wilson, J. W., J. Miller, A. Konradi, and F. A. Cucinotta, eds. *Shielding Strategies for Human Space Exploration.* NASA Conference Publication 3360, Dec. 1997. http://www-d0.fnal.gov/~diehl/Public/

snap/meetings/NASA-97-cp3360.pdf.

Wilson, J. W., J. L. Shinn, R. C. Singleterry, H. Tai, S. A. Th ibeault, L. C. Simonsen, F. A. Cucinotta, and J. Miller. *Improved Spacecraft Materials for Radiation Shielding,* 2000. http://ntrs.nasa.gov/archive/nasa/casi.ntrs.nasa.gov/19990040361.pdf

近地天體的表面活動

" *Apollo 15* Soil Mechanics Investigation." http://www.lpi.usra.edu/expmoon/Apollo15/A15_Experiments_SMI.html.

" *Apollo 17* Soil Mechanics Investigation." http://www.lpi.usra.edu/expmoon/Apollo17/A17_Experiments_SMI.html.

Bell, E. T. "Crackling Planets." http://science.nasa.gov/headlines/y2005/10aug_crackling.htm.

Bottino, G., M. Chiarle, A. Joly, and G. Mortara. "Modeling Rock Avalanches and Their Relation to Permafrost Degradation in Glacial Environments." *Permafrost and Periglacial Processes* 13 (2002): 283–288.

Camp, Vic. "How Volcanoes Work." http://www.geology.sdsu.edu/how_volcanoes_work/.

Carr, M. H., W. A. Baum, K. R. Blasius, G. A. Briggs, J. A. Cutts, T. C. Duxbury, R. Greeley, J. Guest, H. Masursky, B. A. Smith, L. A. Soderblom, J. Veverka, and J. B. Wellman. "Craters." NASA SP-441: Viking Orbiter Views of Mars. (Many other useful and interesting images in SP-441 http://history.nasa.gov/SP-441/contents.htm.)

Caruso, P. A. "Seismic Triggering Mechanisms on Large-Scale Landslides, Valles Marineris." 34th Lunar and Planetary Science Conference, League City, TX, March 2003. Abstract 1525. http://www.lpi.usra.edu/meetings/lpsc2003/pdf/1525.pdf.

Committee on Planetary and Lunar Exploration. *Assessment of Mars Science and Mission Priorities* , Chapter 2. Washington, DC: National Academies Press, 2003. http://www.nap.edu/books/0309089174/html/.

"Distribution Fan Near Holden Crater: PIA04869." *NASA Planetary Photojournal* . http://photojournal.jpl.nasa.gov/catalog/PIA04869.

Francis, P. *Volcanoes: A Planetary Perspective* . New York: Oxford University Press, 1993.

Harrison, K. H. and R. E. Grimm. "Rheological Constraints on Martian Landslides." *Icarus* 163, no. 2 (June 2003): 347–362.

Kious, W. J. and R. I. Tilling. *Th is Dynamic Earth: Th e Story of Plate Tectonics* . Online edition. http://pubs.usgs.gov/gip/dynamic/dynamic.html.

Krakauer, J. *Into Thin Air*. New York: Anchor Books, 1997.

"Lava Flows and Their Effects." USGS Volcano Hazards Program. http://volcanoes.usgs.gov/Hazards/What/Lava/lavafl ow.html.

"Layers, Landslides, and Sand Dunes in Mars *Odyssey* Mission." http://themis.asu.edu/zoom-20031027a.

Lewis, John S. *Mining the Sky* . New York: Helix Books, 1996.

"Mars Global Surveyor." http://www.msss.com/moc_gallery/.

"Mars Orbiter Sees Landslide." http://spacefl ightnow.com/news/n0111/05marslandslide/.

Marshall, J., C. Braton, J. Kosmo, and R. Trevino. "Interaction of Space Suits with Windblown Soil: Preliminary Mars Wind Tunnel Tests." SETI Institute, MS 239–12, NASA Ames Research Center, Moff ett Field, CA. http://www.lpi.usra.edu/meetings/LPSC99/pdf/1239.pdf.

"Plate Tectonics on Mars?" http://science.nasa.gov/newhome/headlines/ast29apr99_1.htm.

"Recent Movements: New Landslides in Less than 1 Martian Year." MGS

MOC Release No. MOC2–221, 12 March 2000. http://www.msss.com/ mars_images/moc/lpsc 2000/ 3_00_massmovement/.

Savage, D., G. Webster, and M. Nickel. "Mars May Be Emerging from an Ice Age." NASA press release 03–415. http://www.nasa.gov/home/ hqnews/2003/dec/HQ_03415_ice_age.html.

Task Group on Issues in Sample Return. *Mars Sample Return: Issues and Recommendations.* Washington, DC: National Academies Press, 1997. http://www.nap.edu/catalog/5563.html#toc.

"Volcanology on Mars." https://en.wikipedia.org/wiki/Volcanology_of_ Mars.

Wilson, L. "The Influence of Planetary Environments on Volcanic Eruption and Intrusion Processes." Paper presented at Planetary Geophysics Meeting, London, February 13–14, 2003. http://bullard.esc.cam. ac.uk/~nimmo/wilson.html.

Woods, A. W. "How They Explode: The Dynamics of Volcanic Eruptions." In *Annual Editions Geology 99/0* , ed. Douglas B. Sherman. Guilford, CT: Dushkin/McGraw-Hill, 1999.

太空水資源

Carr, Michael H. *Water on Mars* . New York: Oxford University Press, 1996.

"Clementine Bistatic Radar Experiment." National Space Science Data Center ID: 1994–004A-9. http://nssdc.gsfc.nasa.gov/nmc/ experimentDisplay.do?id=1994–004A-09.

Cowen, R. "Taste of a Comet: Spacecraft Samples and View Wild 2." http://www.sciencenews.org/articles/20040110/fob1.asp.

"Distributory Fan Near Holden Crater." *NASA Planetary Photojournal* . http:// photojournal.jpl.nasa.gov/catalog/PIA04869.

Head, J. W. and D. R. Marchant. "Cold-Based Mountain Glaciers on Mars: Western Arsia Mons." http://www.planetary.brown.edu/planetary/documents/2837.pdf.

_____. "Mountain Glaciers on Mars?" Vernadsky Institute Microsymposium 36, October14–16, 2002, Moscow, Russia.

Malin, M. C. and K. S. Edgett. "Evidence for Recent Groundwater Seepage and Surface Runoff on Mars." *Science* 288 (June 30, 2000): 2330–2335. http://www.sciencemag.org/cgi/content/abstract/288/5475/2330?rbfvrToken=e147c6ee6ff f5c42735ec91da3f8f3b8f21da4b4.

Morton, O. "Mars: Is There Life in the Ancient Ice?" *National Geographic* (January 2004).

Purves, W. K., G. H. Orians, H. C. Heller, and D. Sadava. *Life: The Science of Biology* . 5th ed. New York: W. H. Freeman, 1997.

"Sea Level and Climate." http://pubs.usgs.gov/fs/fs2–00/.

"Water at Martian South Pole." http://www.esa.int/SPECIALS/Mars_Express/SEMYKEX5 WRD_0.html.

太空中的撞擊事件

Aceti, R., G. Drolshagen, J. A. M. McDonnell, and T. Stevenson. "Micrometeoroids and Space Debris—The Eureca Post-Flight Analysis." *European Sp ace Agency Bulletin* 80(November 1994).

Bellot-Rubio, L. R., J. L. Ortiz, and P. V. Sada. "Observations and Interpretation of Meteoroid Impact Flashes on the Moon." In *Earth, Moon, and Planets* . Netherlands: Kluwer, 2002, 82–83, 575–598.

Cudnik, B. M., D. W. Dunham, D. M. Palmer, A. C. Cook, R. J. Venable, and P. S. Gural. "Ground-Based Observations of High-Velocity Impacts on the Moon's Surface—The Lunar Leonid Phenomena of 1999 and 2001, 2002." Paper presented at 33rd Lunar and Planetary Science

Conference, Houston, TX, March 11, 2002. http://www.lpi.usra.edu/ meetings/lpsc2002/pdf/1329.pdf

Gehrels, Tom, ed. *Hazards Due to Comets and Asteroids* . Tucson and London: University of Arizona Press, 1994.

Graham, G. A., A. T. Kearsley, I. P. Wright, M. M. Grady, G. Drolshagen, N. McBride, S. F. Green, M. J. Burchell, H. Yano, and R. Elliot. *Analysis of Impact Residues on Spacecraft : Possibilities and Problems*, Session 9: Microparticles. 3rd European Conference on Space Debris, Darmstadt, Germany; Noordwijk, Netherlands. ESA Publications Division, 2001.

Johnson, N. L. "Monitoring and Controlling Debris in Space." *Scientific American* (August 1998).

Kerridge, J. F. and M. Shapley-Matthews, eds. *Meteorites and the Early Solar System.* Tucson: University of Arizona Press, 1988.

Kiefer, W. S. " *Apollo 15* Passive Seismic Experiment." www.lpi.usra.edu/ expmoon/
Apollo15/A15_Experiments_PSE.html.

"Leonid Flashers—Meteoroid Impacts on the Moon." http://iota.jhuapl. edu/lunar_leonid/beech99.htm.

"Leonids on the Moon." http://science.nasa.gov/newhome/headlines/ ast03nov99_1.htm.

Marshall, J., C. Bratton, J. Kosmo, and R. Trevino. "Interactions of Space Suits with Windblown Soil: Preliminary Mars Wind Tunnel Results." In *Studies of Mineralogical and Textural Properties of Martian Soil: An Exobiological Perspective Conference* 1999, 79.

Mehrolz, D., L. Leushacke, W. Flury, R. Jehn, H. Klinkrad, and M. Landgraf. "Detecting, Tracking, and Imaging Space Debris." *European Space Agency Bulletin* 109 (February 2002): 128–134.

Melosh, H. J. "Can Impacts Induce Volcanic Eruptions?" http://www.lpi.usra.edu/meetings/impact2000/pdf/3144.pdf.

"Micrometeoroids and Space Debris." NASA Quest. http://quest.arc.nasa.gov/space/teachers/suited/9d2micro.html.

Oritz, J. L., P. V. Sada, L. R. Bellot Rubio, F. J. Aceituno, J. Aceituno Gutierrez, and U. Thiele. "Optical Detection of Meteoroidal Impact on the Moon." *Nature* 405(2000): 921–923.

Rubio, L. R. B., J. L. Ortiz, and P. V. Sada. "Observations and Interpretation of Meteoroid Impact Flashes on the Moon." In *Earth, Moon, and Planets* . The Netherlands: Kluwer, 2000, 82–83, 575–598.

" *Salyut 7/Kosmos 1686* : Helium Tank." http://fernlea.tripod.com/tank.html.

Sumners, C. and C. Allen. *Cosmic Pinball: The Science of Comets, Meteors, and Asteroids.* New York: McGraw-Hill, 2000.

Technical Report on Space Debris. New York: United Nations, 1999. http://www.unoosa.org/pdf/reports/ac105/AC105_720E.pdf.

太空醫療

Antunano, M. J. "Commercial Human Space Flight Medical Issues." February 2014. https://www.google.com/url?sa=t&rct=j&q=&esrc=s&source=web&cd=1&ved=0CCEQFjAAahUKEwiS2oGinPzHAhUFGR4KHfWHBMM&url=http%3A%2F%2Fwww.faa.gov%2Fabout%2Foffi ce_org%2Fheadquarters_offi ces%2Fast%2F17th_cst_presentations%2Fmedia%2FCommerci al_Human_Spaceflight_Medical_Issues_Dr_Melchor_Antunano.pdf&usg=AFQjCNH4UsDVfj uxLDsezi9EBZaGUo0InA.

Asashima, M. and G. M. Malacinski, eds. *Fundamentals of Space Biology* . Tokyo: Scientific Societies Press and Springer-Verlag, 1990.

"Astronaut Blaha Says His Body Healed More Slowly During 118 Days on *Mir* ." *The Virginia-Pilot* (February 16, 1997).

Barry, P. L. and T. Phillips. "Mixed Up in Space." Science@NASA. http:// science.nasa.gov/headlines/y2001/ast07aug_1.htm.

Beasley, D. and W. Jeff s. "Space Station Research Yields New Information About Bone Loss." http://www.nasa.gov/home/hqnews/2004/mar/ HQ_04084_station_bone_loss.html.

"The Body in Space." http://www.nsbri.org/DISCOVERIES-FOR-SPACE- and-EARTH/Th e-Body-in-Space/.

Bogomolov, V. V., et al. "International Space Station Medical Standards and Certification for Space Flight Participants." *Aviation, Space and Environmental Medicine* 78, no. 12 (December 2007).

Brown, A. S. "Pumping Iron in Microgravity." NASA Exploration Systems. http://www.nasa.gov/audience/forstudents/postsecondary/features/F_ Pumping_Iron_in_Microgravity.html.

Buckley, J. C. Jr. *Space Physiology* . Oxford: Oxford University Press, 2006.

Buckley, J. C. and J. L. Homick, eds. *The Neurolab Spacelab Mission: Neuroscience Research in Space* . Washington, DC: Government Printing Office, NASA SP-2003535, 2003.

Cheatham, M. L. "Advanced Trauma Life Support for the Injured Astronaut." 3rd ed. http://www.surgicalcriticalcare.net/Resources/ ATLS_astronaut.pdf.

Clement, G. *Fundamentals of Space Medicine* . 2nd ed. New York: Springer, 2011.

Committee on Space Biology and Medicine (Space Studies Board) and Commission on Physical Sciences, Mathematics, and Applications (National Research Council). *A Strategy for Research in Space*

Biology and Medicine in the New Century . Washington, DC: National Academy Press, 1998.

Currier, P. "A Baby Born in Space." NASA Quest. http://quest.arc.nasa. gov/people/journals/ space/currier/08–26–99.html.

Czarnik, T. R. "Medical Emergencies in Space." http://chapters. marssociety.org/usa/oh/aero5.htm.

"Dental Issues in Space." http://www.dental-tribune.com/mobarticles/ content/scope/news/region/americas/id/12838?mobsw=mob.

"The Disadvantageous Physiological Effects of Spaceflight." http://www. descsite.nl/Students/DeHon/DeHon_chapter2.htm.

"Effects of Spaceflight on the Human Body." https://en.wikipedia.org/wiki/ Effect_of_spacefl ight_on_the_human_body.

Farahani, R. M. and L. A. DiPietro. "Microgravity and the Implications for Wound Healing."*International Wound Journal* 5, no. 4 (2008).

Flight Crew Medical Standards and Spaceflight Participant Medical Acceptance Guidelines for Commerical Space Flight . Center of Excellence for Commercial Space Transportation, June 30, 2012. http://www.coe-cst.org/core/scripts/wysiwyg/kcfi nder/upload/ files/2012.08.06%20Task%20183-UTMB%20Final%20Report.pdf.

Graveline, D. "Body Fluid Changes in Space." http://www.spacedoc.net/ body_fluid.html.

Grenon, S. M., J. Saary, G. Gray, J. M. Vanderploeg, and M. Hughes-Fulford. "Can I Take a Space Flight? Considerations for Doctors." *British Medical Journal* 8, no. 124 (December 13, 2012).

Hall, T. W. "Adverse Eff ects of Weightlessness." http://permanent.com/ s-nograv.htm.

"How Does Spending Prolonged Time in Microgravity Affect the Bodies of Astronauts?"http://www.scientifi camerican.com/article/how-doesspending-prolong/.

Hullander, D. and P. L. Barry. "Space Bones." http://science.nasa.gov/headlines/y2001/ast01oct_1.htm.

International Space Station Environmental Control and Life Support System . NASA FS-2002–05–85-msfc, May 2002.

Kirkpatrick, A. W., M. R. Campbell, O. Novinkov, I. Goncharov, and I. Kovachevich. "Blunt Care and Operative Care in Microgravity." *Journal of the American College of Surgeons* 184, no. 5 (May 1997): 441–453.

Lu, Ed. "Expedition 7: Working Out." http://spacefl ight.nasa.gov/station/crew/exp7/luletters/lu_letter7.html.

McDonald, P. V., J. M. Vanderploeg, K. Smart, and D. Hamilton. "AST Commercial Human Space Flight Participant Biomedical Data Collection." Wyle Laboratories, Technical Report LS-09–2006–001, February 1, 2007.

Miller, K. "Space Medicine." http://science.nasa.gov/headlines/y2002/30sept_spacemedicine.htm.

Mitari, G. "Space Tourism and Space Medicine." *Journal of Space Technology and Science* 9 (1993). http://www.spacefuture.com/archive/space_tourism_and_space_medicine.shtml.

Modak, S., A. Krishnamurthy, and M. M. Dogra. "Human Centrifuge in Aero Medical Evaluations." *Indian Journal of Aerospace Medicine* 47, no. 2 (2003). http://www.medind.nic.in/iab/t03/i2/iabt03i2p6.pdf.

Moore, D., P. Bie, and H. Oser, eds. *Biological and Medical Research in Space* . Berlin: Springer, 1996.

Nave, C. R. "Cooling of the Human Body." http://hyperphysics.phy-astr.gsu.edu/hbase/thermo/coobod.html.

O'Rangers, E. A. "Space Medicine." http://www.nss.org/community/med/

home.html.

"Recommended Practices for Human Space Flight Occupant Safety." FAA, 2014. https://www.google.com/url?sa=t&rct=j&q=&esrc=s&source= web&cd=2&ved=0CCgQFjABahUKEwiS2oGinPzHAhUFGR4KHfW HBMM&url=https%3A%2F%2Fwww.faa.gov%2Fabout%2Foffice_ org%2Fheadquarters_offices%2Fast%2Fmedia%2FRecommend ed_Practices_for_HSF_Occupant_Safety-Version_1-TC14–0037. pdf&usg=AFQjCNG_x_oZn5-woxUsiwAq6b8USVFOhQ.

"Space Medicine." Japanese Aerospace Exploration Agency. http://iss.sfo. jaxa.jp/med/index_e.html.

"Space Travel Increases Some Health Risks." Science@NASA. http:// science.nasa.gov/newhome/headlines/msad04nov98_1.htm.

"Study Suggests Spaceflight May Decrease Human Immunity." http://www. nasa.gov/home/hqnews/2004/sep/HQ_04320_immunity.html.

"Sustained Acceleration." *United States Naval Flight Surgeon's Manual*, 3rd ed. Naval Aerospace Medical Institute, 1991, chapter 2.

Tobias, C. A. and P. Todd, eds. *Space Radiation Biology and Related Topics*. New York: Academic Press, 1997.

社會互動、心理健康，以及其他生理問題

"Adult ADHD." http://www.webmd.com/add-adhd/guide/10-symptoms-adult-adhd.

Ball, J. R. and C. H. Evans Jr., eds. *Safe Passage: Astronaut Care for Exploration Missions*. Washington, DC: National Academy Press, 2001. http://www.nap.edu/books/0309075858/html/R1.html.

Bruno, F. J. "An Introduction to Symptoms of Boredom." http://www. thehealthcenter.info/emotions/boredom/.

Burrough, B. *Dragonfly: NASA and the Crisis Aboard MIR*. New York:

HarperCollins,1998.

Cataletto, A. E. and G. Hertz. "Sleeplessness and Circadian Rhythm Disorder." http://www.emedicine.com/neuro/topic655.htm.

"Claustrophobia." http://www.betterhealth.vic.gov.au/bhcv2/bhcarticles. nsf/pages/Claustrophobia?OpenDocument.

Connors, M. M., A. A. Harrison, and F. R. Akins. *Living Aloft : Human Requirements of Extended Spaceflight* . Washington, DC: Government Printing Office, 1985.

Cooper, Jr., H. S. F. "The Loneliness of the Long-Duration Astronaut." *Air and Space Magazine* 2 (June–July 1996): 37–45.

Cowing, K. "It's Noisy Out in Space." http://www.spaceref.com/news/ viewnews.html?id=831.

Cromie, W. J. "Astronauts Explore the Role of Dreaming in Space." *Harvard University Gazette* , February 6, 1997.

Czarnik, T. R. "Medical Emergencies in Space." http://chapters. marssociety.org/usa/oh/aero5.htm.

Dawson, S. J. "Human Factors in Mars Research: An Overview." In *Proceedings of the 2nd Australian Mars Exploration Conference, 2002,* ed. Jonathan D.A. Clarke, Guy M. Murphy, and Michael D. West. Sydney, Australia: Mars Society Australia, 2002.

Devitt, T. "High Living." http://whyfi les.org/124space_station/4.html. (All sections of the site are useful.)

Dingfelder, S. F. "Mental Preparation for Mars." *Monitor on Psychology* 35, no. 7 (July/August 2004).

Dudley-Rowley, M., S. Whitney, S. Bishop, B. Caldwell, and P. D. Nolan. "Crew Size, Composition, and Time: Implications for Habitat and Workplace Design in Extreme Environments." SAE 2001–01–2139. Paper presented at 31st International Conference on Environmental

Systems, Orlando, FL, July 2001.

Dunn, M. "Serenity Is Scarce in Orbit." http://www.penceland.com/No_
Serenity.html.

Epstein, R. "Buzz Aldrin, Down to Earth." *Psychology Today* (May/June
2001).

"Etiology of Anxiety Disorders." *Mental Health: A Report of the Surgeon
General* . http://www.surgeongeneral.gov/library/mentalhealth/
chapter4/sec2_1.html.

"Facts About Post-Traumatic Stress Disorder." National Institute of Mental
Health Publ. No. OM-99–4157 (Revised) (Sept. 1999).

Harrison, A. A. *Spacefaring: The Human Dimension* . Berkeley: University
of California Press, 2001.

Harrison, A .A., Y. A. Clearwater, and C. P. McKay. *From Antarctica to
Outer Space: Life in Isolation and Confinement* . New York: Springer-
Verlag, 1991.

"Hearing Lost in Space." http://news.bbc.co.uk/1/hi/special_report/
iss/319323.stm.

Hutchinson, K. "Terminating T3." *The Antarctic Sun* , November 3, 2002.

"Internet Mental Health." http://www.mentalhealth.com/. (Many useful
mental health sections.)

Lawson, B. D. and A. M. Mead. "The Sopite Syndrome Revisited:
Drowsiness and Mood Changes During Real or Apparent Motion."
Acta Astronaut 43 (3–6) (August–September 1998): 181–192.

Linenger, J. M., *Off the Planet: Surviving Five Perilous Months Aboard the
Space Station Mir* . New York: McGraw-Hill, 2000.

Long, J. *Mountains of Madness : A Scientist's Odyssey in Antarctica* .
Washington, DC: Joseph Henry Press, 2001.

Long, P. W. "General Anxiety Disorder." http://www.mentalhealth.com/dis/

p20-an07.html.

Morphew, M. E. "Psychological and Human Factors in Long Duration Spaceflight." *Mc-Gill Journal of Medicine* 6 (2001): 74–80.

Mundell, I. "Stop the Rocket I Want to Get Off." *New Scientist* 1869 (April 17, 1993).

National Institute of Mental Health. *Anxiety Disorders*. NIH Publication No. 02–3879. Washington, DC: National Institutes of Health, 2002.

The Numbers Count: Mental Disorders in America NIH Publication No. 01–4584.

"Ops-Alaska Space Exploration Human Factors." http://ops-alaska.com/.

"The Psychological and Social Effects of Isolation on Earth and Space." *QUEST — The History of Spaceflight Quarterly* 8, no. 2 (2000).

"PTSD." https://www.nlm.nih.gov/medlineplus/magazine/issues/winter09/articles/winter09pg10–14.html.

Roback, H. B. "Adverse Outcomes of Group Psychotherapy." *Journal of Psychotherapy Practice and Research* 9, no. 3 (summer 2000). http://www.ncbi.nlm.nih.gov/pmc/articles/ PMC3330596/.

The Society for Human Performance in Extreme Environments. http://hpee.org/hpee.php.

Thomas, T. L., F. C. Garland, D. Mole, B. A. Cohen, T. M. Gudewicz, R. T. Spiro, and S. H. Zahm. "Health of U.S. Navy Submarine Crew During Periods of Isolation." *Aviation & Space Environmental Medicine* 74, no. 3 (March 2003): 260–265.

人為挑戰

Linenger, J. M. *Off the Planet: Surviving Five Perilous Months Aboard the Space Station Mir*. New York: McGraw-Hill, 2000.

飛行後的適應

Epstein, R. "Buzz Aldrin, Down to Earth." *Psychology Today* (May/June 2001).

推進動力

Goebel, G. "Spaceflight Propulsion." http://www.vectorsite.net/tarokt.html.

Savage, D. "NASA Selects Teams to Lead Development of Next-Generation Ion Engine and Advanced Technology." NASA Press Release 02–118, June 27, 2002.

"Space Accidents." http://www.spacesafetymagazine.com/space-disasters/.

歷史

Burrows, W. E. *This New Ocean* . New York: Random House, 1998.

Chaikin, A. *A Man on the Moon* . London: Penguin, 2007.

"History: A Chronology of Mars Exploration." http://www.hq.nasa.gov/offi ce/pao/History/marschro.htm.

"History of Lunar Impacts." http://iota.jhuapl.edu/lunar_leonid/histr224. htm.

Lauinius, R. and C. Fries. "Chronology of Defining Events in NASA History 1958–2003."http://www.hq.nasa.gov/offi ce/pao/History/Defining-chron.htm.

"Moon and Planets Exploration Timeline." http://www.spacetoday.org/History/ExplorationTimeline.html.

Verne, J. *From the Earth to the Moon* . New York: Bantam Classics, 1993.

商業太空飛行

Center of Excellence—Commerical Space Transportation. http://www.coe-cst.org/publications .html.

"IN FOCUS: How Space Tourists Are Prepared for Suborbital Flight."
https://www.flightglobal.com/news/articles/in-focus-how-space-
tourists-are-prepared-for-suborbital-364964/.

Space Safety Magazine. http://www.spacesafetymagazine.com/.

Space Station User's Guide. http://www.spaceref.com/iss/spacecraft /
soyuz.tm.html.

綜合資訊

"Astronaut Training." https://en.wikipedia.org/wiki/Astronaut_training.

Bell, J. and J. Mitton, eds. *Asteroid Rendevous: NEAR Shoemaker's
Adventures at Eros* . Cambridge: Cambridge University Press, 2002.

Fuller, J. "How Spacewalks Work." http://science.howstuff works.com/
spacewalk4.htm/printable.

ISS Medical Monitoring. http://www.nasa.gov/mission_pages/station/
research/experiments/1025.html; http://www.ncbi.nlm.nih.gov/
pubmed/18064923.

Mir. http://www.braeunig.us/space/specs/mir.htm.

Near-Earth Asteroids. http://airandspace.si.edu/exhibitions/exploring-the-
planets/online/solar-system/asteroids/near.cfm.

Near Earth Object Program. http://neo.jpl.nasa.gov/news/news189.html;
http://neo.jpl.nasa.gov/nhats/.

Plotner, T. *Moonwalk with Your Eyes: A Pocket Field Guide* . New York:
Springer, 2010.

*Principles Regarding Processes and Criteria for Selection, Assignment,
Training and Certification of ISS (Expedition and Visiting)
Crewmembers* , Rev. A. http://www.spaceref.com/news/viewsr.
html?pid=4578.

Space Debris. http://www.esa.int/Our_Activities/Operations/Space_

Debris/Scanning_observing;http://orbitaldebris.jsc.nasa.gov/faqs.html;
http://orbitaldebris.jsc.nasa.gov/protect/shielding.html; http://www.
daviddarling.info/encyclopedia/W/Whipple_shield.html; https://the-
moon.wikispaces.com/IAU+nomenclature.

Space Trainings. http://www.space-aff airs.com/index.php?wohin=3rdfl
oor_p.

Young, L. R. "Artificial Gravity Considerations for a Mars Exploration
Mission." *Annals of the New York Academy of Sciences* 871 (1999):
367–378.

國家圖書館出版品預行編目資料

太空旅行指南：從宇宙現象、天體環境、生理準備到心理調適 / 尼
爾・F・科明斯（Neil F. Comins）著；高英哲譯 . -- 初版 . -- 臺北市
：紅樹林出版：家庭傳媒城邦分公司發行 , 2017 年 11 月
　292 面；15 X 21 公分（EARTH 006）
　譯自 : The Traveler's Guide to Space:For One-Way Settlers and Round-
　　Trip Tourists
　ISBN 978-986-7885-93-7（平裝）

　1. 太空飛行 2. 太空心理學

447.95   106017878

EARTH 006

太空旅行指南：從宇宙現象、天體環境、生理準備到心理調適

原 書 書 名／The Traveler's Guide to Space:For One-Way Settlers and Round-Trip Tourists
作　　　者／尼爾・F・科明斯（Neil F. Comins）
譯　　　者／高英哲
企 畫 選 書／辜雅穗、盧心潔
責 任 編 輯／盧心潔
行 銷 業 務／陳　醇

總 　 編 　 輯／辜雅穗
總 　 經 　 理／黃淑貞
發 　 行 　 人／何飛鵬
法 律 顧 問／台英國際商務法律事務所 羅明通律師
出　　　版／紅樹林出版
　　　　　　台北市104民生東路二段141號7樓
　　　　　　電話：(02) 2500-7008　傳真：(02) 2500-2648
發　　　行／英屬蓋曼群島商家庭傳媒股份有限公司 城邦分公司
　　　　　　台北市中山區民生東路二段141號2樓
　　　　　　書虫客服服務專線：02-25007718；25007719
　　　　　　24小時傳真專線：02-25001990；25001991
　　　　　　服務時間：週一至週五上午09:30-12:00；下午13:30-17:00
　　　　　　郵撥帳號：19863813　戶名：書虫股份有限公司
　　　　　　讀者服務信箱：service@readingclub.com.tw
　　　　　　城邦讀書花園：www.cite.com.tw
香港發行所／城邦（香港）出版集團有限公司
　　　　　　香港灣仔駱克道193號東超商業中心1樓　信箱：hkcite@biznetvigator.com
　　　　　　電話：(852) 25086231　傳真：(852) 25789337
馬新發行所／城邦（馬新）出版集團 Cite (M) Sdn. Bhd.
　　　　　　41, Jalan Radin Anum, Bandar Baru Sri Petaling,
　　　　　　57000 Kuala Lumpur, Malaysia.
　　　　　　電話：(603) 90578822　傳真：(603) 90576622　信箱：cite@cite.com.my

封 面 設 計／蔡佳豪
印　　　刷／卡樂彩色製版印刷有限公司
電 腦 排 版／極翔企業有限公司
經 　 銷 　 商／高見文化行銷股份有限公司
　　　　　　客服專線：0800-055365　傳真：(02)2668-9790

■2017年（民106）11月初版　　　　　　　　　　　　　Printed in Taiwan
定價420元
版權所有，翻印必究
ISBN 978-986-7885-93-7

城邦讀書花園
www.cite.com.tw